WP 個性派jQueryで魅せる
WordPress
デザインアレンジ Book

アライドアーキテクツ株式会社　久保田 潔

インプレスジャパン

読者アンケートにご協力ください！

URL : http://www.impressjapan.jp/books/1112101139

このたびは弊社書籍をご購入いただき、ありがとうございます。本書は Web サイトにおいて皆様のご意見・ご感想を承っております。1人でも多くの読者の皆様の声をお聞きして、今後の商品企画・制作に生かしていきたいと考えています。

気になったことやお気に召さなかった点、また役に立った点など、率直なご意見・ご感想をお聞かせいただければありがたく存じます。

お手数ですが上記URLより下記の要領で読者アンケートにお答えください。

※ Webページのデザインやレイアウトは変更になる場合があります。

上記URLにアクセスし、【読者アンケートに答える】ボタンをクリック

【会員登録がお済みの方】
IDとパスワードを入力してアンケートページに進む

【会員登録をされていない方】
会員登録の上、アンケートページに進む

アンケートにはじめてお答えいただく際は、「CLUB Impress（クラブインプレス）」にご登録いただく必要があります。アンケート回答者の中から、抽選で商品券（1万円分）や図書カード（1,000円分）などを毎月プレゼント。ぜひこの機会にご登録ください。当選は賞品の発送をもって代えさせていただきます。

読者会員制度と出版関連サービスのご案内
登録カンタン 費用も無料！
CLUB Impress
今すぐアクセス！▶ club.impress.co.jp

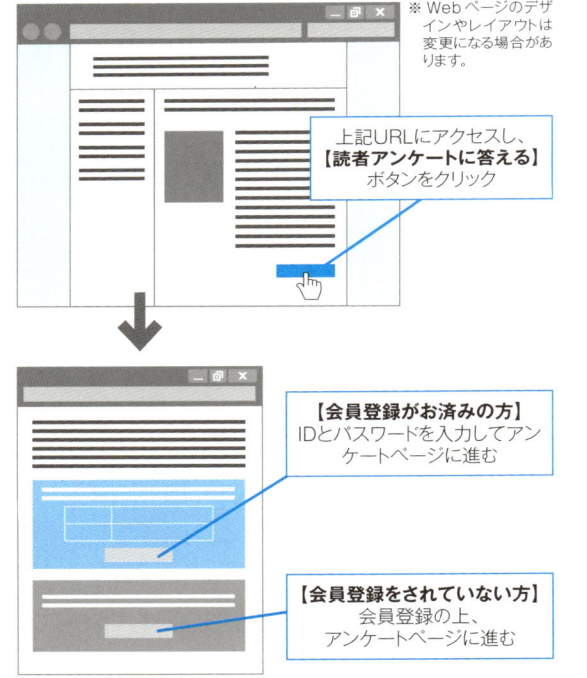

はじめに

WordPress と jQuery はすでに Web サイト制作業界の標準となっています。また、昨今では WordPress が簡単にインストールできるレンタルサーバーサービスも多く、WordPress による Web サイト制作が誰にも簡単にできるようになってきています。本書では、WordPress をインストールしたけれど、カスタマイズの方法がわからない方に jQuery プラグインを使用して Web サイトのデザインをカスタマイズしていく方法を紹介します。

WordPress はオープンソースで、PHP で構成されているのでハードルが高く見えますが、よく使用するタグを一定のルールで使用していけば簡単に WordPress テーマのカスタマイズができます。たとえば、あるカテゴリーだけにデザインを適用したい場合も本書を読めばできるようになるでしょう。

また jQuery は CSS を理解している方なら直感的な操作も可能です。加えて、jQuery プラグインを利用すると IE や Firefox といったブラウザの差異を意識せずに画像ギャラリーやスライダーなど Web サイトでよく見る表現を採用できます。

本書を通して、Web サイト制作に関わるすべての Web 制作者が多彩なスキルを身に付け、その地位を向上させて業界全体が盛り上がることに役立てば幸いです。

久保田　潔　アライドアーキテクツ株式会社

本書の読み方 …………………………………………………………… 006
サンプルファイルのダウンロードについて ………………………… 008

Chapter 1　WordPressとjQueryの基本

WordPressとjQueryについて ………………………………………… 010
WordPressにjQueryを導入する際のルール ………………………… 012
WordPressの準備と基本操作 ………………………………………… 019
jQueryプラグインのライセンスについて …………………………… 020

Chapter 2 スライダー

- 01 jQuery Gallery Slider Plugin　全画面でスクロールするギャラリーサイトを作る ……… 022
- 02 zAccordion　画像をアコーディオンのように閉じたり開いたりする ……… 030
- 03 FlexSlider　大きな画像をスライドさせてページの印象を強く見せる ……… 038

Chapter 3 エフェクト

- 04 jRumble　画像を振動させて注目を集める ……… 052
- 05 vintageJS　画像にフィルター効果を与えてノスタルジックな雰囲気を演出する …… 060
- 06 jQuery Drop Captions　画像の説明文をアニメーション表示する ……… 076
- 07 tiltShift.js　トイカメラ風の写真に画像を加工する ……… 088
- 08 Textualizer　テキストの表示切り替えにおもしろい動きを付ける ……… 098
- 09 Jquery Image Zoom　画像を部分的に拡大して細部まで表示させる ……… 108
- 10 jquery-instagram　Instagram の画像をハッシュタグで読み込んで表示する ……… 122

Chapter 4 レイアウト

- 11 The Wookmark jQuery Plugin　画像を画面いっぱいに配置してギャラリーページを作る ……… 134
- 12 Supersized　画面全体に画像を表示して大きなスライドショーとして見せる ……… 146
- 13 x-rhyme.js　横にスクロールする画廊のようなページを作る ……… 160
- 14 Curtain.js　複数の記事を全画面で紙芝居のようにめくれるパララックス ……… 172

Chapter 5 ナビゲーション

- 15 social　存在感のあるソーシャルメディアへの誘導ボタンを設置する ……… 184
- 16 Metro Js　自動で画像がめくれるカラフルなタイルのようなデザイン ……… 192
- 17 jqTransform　入力フォームのチェックボックスやラジオボタンをデザインする ……… 208
- 18 jQuery date picker plug-in　カレンダーをクリックして自動で日付を入力する ……… 218
- 19 Windy　風でめくられるように画像が切り替わるアーカイブ ……… 226

索引 ……… 238
本書のサンプル Web サイトの画像について ……… 239

本書の読み方

本書は、WordPress に jQuery プラグインを導入するための手順をカテゴリー別に紹介しています。作例の手順は、STEP ごとにわかりやすく解説しています。

スライダー

スライダーは、Web サイトのトップページや商品画像などに利用される使い勝手のいい jQuery プラグインです。ここでは、自動で画像を読み込んだり、決まった画像をループさせたりするカスタマイズ方法も紹介しています。

エフェクト

投稿した画像の色調を加工したり、動きを出したりして、Web サイトのクリック率を上げたいときに有効な jQuery プラグインです。エフェクトは、画像の見た目を強く演出するのに効果的です。

レイアウト

全画面で写真を表示したり、グリッド状にならべてギャラリー風にしたり、パララックス効果などを適用したりしてレイアウトを美しくデザインするのに適した jQuery プラグインを紹介しています。

ナビゲーション

Web サイトでの入力作業を軽減して離脱率を下げるプラグインや SNS などのボタンを印象的に明示するプラグインなど、Web サイトを訪れたユーザーを支援する jQuery プラグインを紹介します。

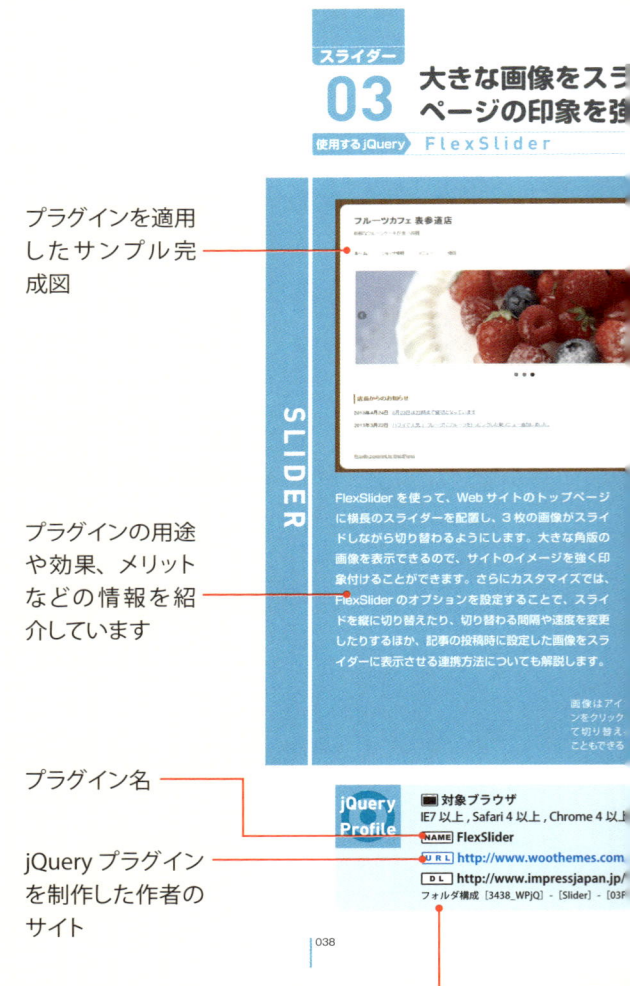

プラグインを適用したサンプル完成図

プラグインの用途や効果、メリットなどの情報を紹介しています

プラグイン名

jQuery プラグインを制作した作者のサイト

本書のサポートページ（http://www.impressjapan.jp/books/1112101139_4/）のみが記載されている場合、jQuery プラグインを含むすべてのサンプルをダウンロードできます。jQuery 作者の URL も併記されている場合は、弊社のサポートページから jQuery プラグインをダウンロードできませんので、記載されている jQuery 作者のダウンロードページから jQuery プラグインをダウンロードしてお使いください。作例に必要なソースコードや画像は本書のサポートページよりダウンロードしてください。

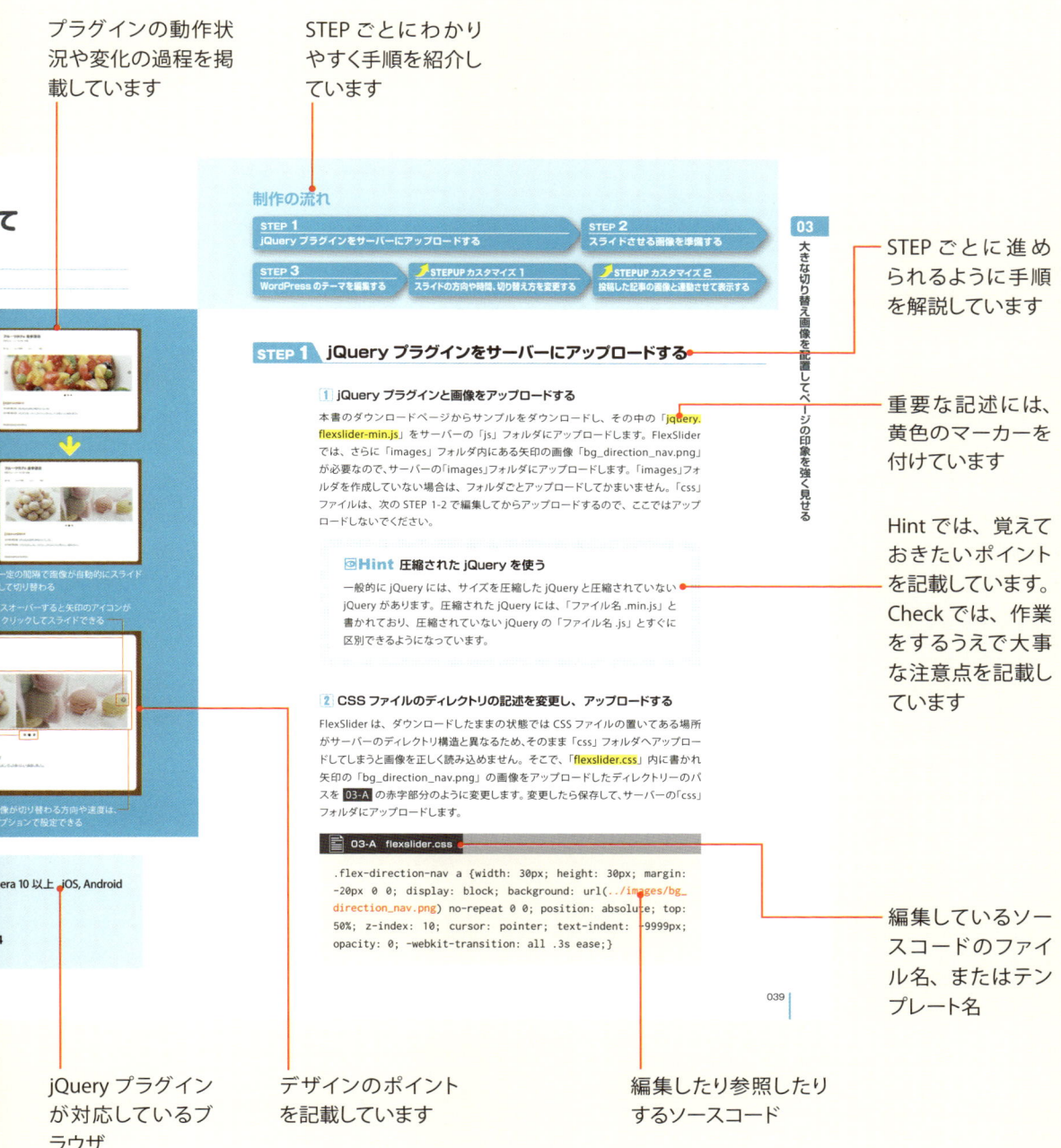

サンプルファイルのダウンロードについて

本書で使用する作例用ファイルは、本書のサポートページからダウンロードできます。サンプルファイルは、「3438_WPjQ.zip」というファイル名で、zip形式で圧縮されています。展開してご利用ください。

■サンプルファイルのダウンロードページ

http://www.impressjapan.jp/books/1112101139_4/

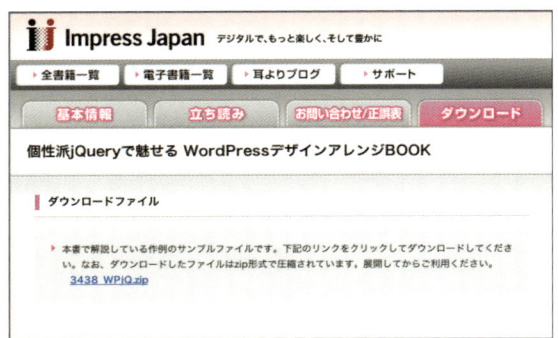

［ダウンロード］タブの［3438_WPjQ.zip］をクリックして、
ファイルをダウンロードします。

■フォルダ構成

本書で使用したデータをフォルダごとに分けて収録しています。作例用のサンプル画像には、「Sample」という表記かウォーターマーク（透かし）が入っています。本書の作例制作以外の用途では利用できません。またjQueryプラグイン作者の元データも収録しています。一部収録されていないjQueryデータもあるので作例ページに掲載しているダウンロードURLからダウンロードしてお使いください。

本書の中で下記のように記述されているものは、展開したフォルダの構成を表してします。たとえば、 01-A のソースコードは、［カテゴリー］フォルダ→［作例］フォルダ→［素材］フォルダ→［ソースコード］フォルダ内の「01-A.txt」を示しています。

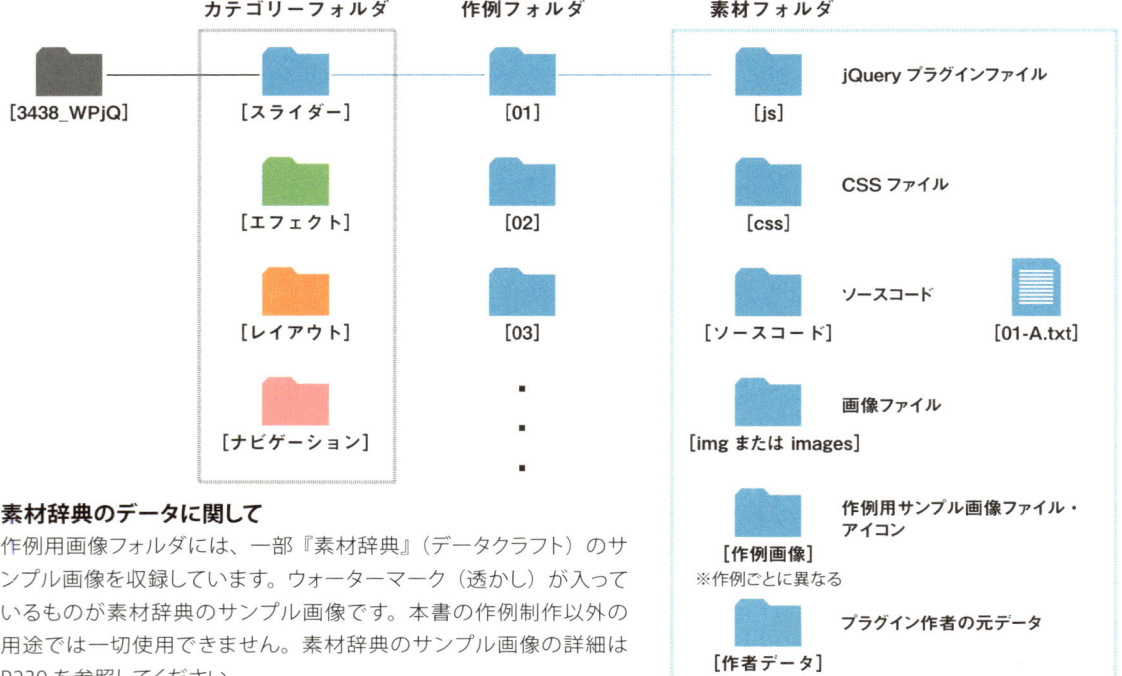

素材辞典のデータに関して

作例用画像フォルダには、一部『素材辞典』（データクラフト）のサンプル画像を収録しています。ウォーターマーク（透かし）が入っているものが素材辞典のサンプル画像です。本書の作例制作以外の用途では一切使用できません。素材辞典のサンプル画像の詳細はP239を参照してください。

Chapter 1

WordPressとjQueryの基本

WordPressにjQueryを導入する前に、基本ルールを理解しておきましょう。jQueryプラグインのアップロードや画像の登録、ソースコードを記述する際の注意点など重要なポイントを解説します。

WordPressとjQueryについて

ここでは、人気の高いWordPressにjQueryプラグインを導入してカスタマイズするための基本について解説します。WordPressやjQueryの知識を深めて、導入する際の注意点を確認してから進めましょう。

WordPressの特徴

WordPressは、CMS（コンテンツマネジメントシステム）ツールとして高い利用率を誇っており、無料で手軽にインストールできます。さまざまな種類のテーマやプラグインが配布されており、デザインやHTMLの知識がなくても簡単にカスタマイズできます。商用利用も可能なので、個人サイトはもちろん、ビジネスサイトでの導入も増えています。WordPressの執筆時点のバージョンは3.5.1で、WordPress.ORG日本語サイトからダウンロードできます。インストールにはPHP5.2.4以上、MySQL5.0以上が必要となりますが、最近のレンタルサーバーであれば、ほぼこの条件を満たしています。WordPressの現行バージョンは、「Twenty Twelve」というテンプレートが標準でインストールされており、シンプルで使いやすく、ウィンドウサイズを変えても最適なデザインを表示する「レスポンシブ・Webデザイン」に対応しています。本書ではこのテンプレートを使い、jQueryを導入するカスタマイズ方法を解説しています。

jQueryの基本

1：jQueryとは

jQueryは、JavaScriptのライブラリの一種で、多くのWebサイトで利用できる技術です。jQueryプラグインは、jQueryに多くの機能を実装する拡張スクリプトで、最近のWebサイト制作に欠かせない存在です。フリーライセンスで配布されているプログラムが多くあるため、個人利用や商用利用でのサイトの利用が増えており、特にWordPressでjQueryを利用する初心者でも、導入しやすく利用率が上がっています。jQueryプラグインをダウンロードすると、2つのファイルが同梱されているものがあり、1つのファイル名には「.min」と記述されています。この「.min」のファイルは、ブラウザがWebページを読み込むデータ量を減らすために最適化してサイズを小さくしたものです。一度にたくさんプラグインを導入すると、ブラウザの表示が重くなるため、この最適化された軽いファイルを使いましょう。jQueryプラグインは、画像をスライドさせて視認性を高めたり、クリックを誘導するアニメーション効果が得られたり、画像に直接加工せずフィルター効果を適用できたりするさまざまな効果のものが配布されています。jQueryプラグインを動作させるためには、jQuery本体のプログラムと、作者がオリジナルで作成した効果を適用するためのjQueryプラグインをセットで使用します。具体的には、jQuery本体、プラグイン、CSSファイルなどをサーバーにアップロードし、jQueryプラグインを適用する記述をWordPressのテンプレートのソースコード内に記述します。

2：jQueryのバージョンについて

執筆時点でのjQueryのバージョンは2.02です。最新版のjQueryは、[Download jQuery]から無料でダウンロードできます。なお、サポートブラウザは、1.x系がInternetExplorer（IE）6以上、現行バージョンの2.x系からはIE9以上が対象となります。本書では主に1.9.1を利用していますが、CDNを利用しているのでインストールする必要はありません。

3：WordPress に jQuery を記述する方法

jQueryを導入するにはWordPressのテンプレートの<head></head>内に Sample-A を記述して読み込みます。 Sample-B は、基本的な記述例です。一方でjQuery本体は、インターネット上でjQueryやGoogle、マイクロソフトなどがjQueryの最新ファイルをホスティングしており、そのホスティングサーバーに置かれたファイルのURLをWebページに記述して読み込むことで、自分のサーバーにわざわざデータをアップロードしなくても利用できます。これはCDN（Contents Delivery Network）と呼ばれ、ブラウザで一度でも読み込んでいれば、キャッシュが作用して、表示速度が速くなるなどの利点があり、本書ではCDNを利用している作例もあります。CDNを利用する場合は Sample-C のように記述します。

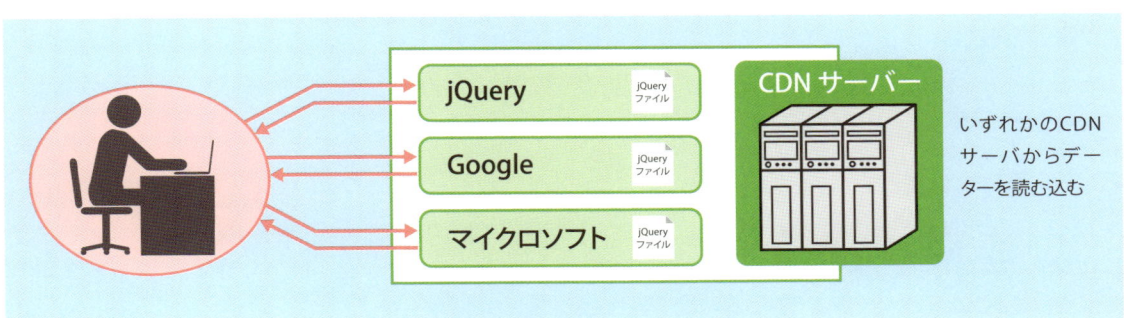
いずれかのCDNサーバからデーターを読み込む

Sample-A　記述例

```
<script src=" jquery-1.9.1.min.js "></script>
```

Sample-B　記述例

```
<script src=" jquery-1.9.1.min.js "></script>     ← jQueryを読み込む
<script type="text/javascript">
$(function() {
$("a#button") .click(function () {               ← ❶ id"button"を付与したリンクをクリックすると
$("div#text").css ("border", "3px solid red");   ← ❷ id"text"を記述したdiv要素に3pxの赤い枠線が付く
});
});
</script>
```

❶id「button」を付与したリンクをクリックすると ❷id「text」を記述した要素に3pxの赤い枠線が付く。このようにシンプルな記載が可能

Sample-C　CDNを利用した記述方法

jQuerty
```
<script src="//http://code.jquery.com/jquery-1.9.1.min.js"></script>
```
Google
```
<script src="//ajax.googleapis.com/ajax/libs/jquery/1.9.1/jquery.min.js"></script>
```
マイクロソフト
```
<script src="http://ajax.aspnetcdn.com/ajax/jquery/jquery-1.9.1.min.js"></script>
```

WordPressにjQueryを導入する際のルール

本書では、WordPress 3.5.1、「Twenty Twelve」のテンプレートを使って解説します。jQueryプラグインやCSSファイルをアップロードしたり、ソースコードをカスタマイズしたりするにはさまざまなルールがあります。

導入の注意点とルール

本書でWordPressをカスタマイズしてjQueryを導入する際の注意点は、次のようになります。

1：推奨ブラウザ

本書のカスタマイズでは、ChromeとFirefoxが推奨ブラウザになります。管理画面などでカスタマイズ作業をする場合は、推奨ブラウザで行ってください。

2：インストール

本書ではWordPress（3.5.1）を新規にインストールした環境で解説しています。WordPressをインストールした初期の状態では、あらかじめ「投稿記事」と「固定ページ」が設定されていますが、これらを削除した状態で解説しています。作例を進める前に削除しておきましょう。

3：カスタマイズに使用するテンプレート

カスタマイズで利用しているのは、標準のテンプレート「Twenty Twelve」です。WordPress（3.5.1）のインストール時に標準でインストールされます。

4：サイトの環境

WordPressをインストールしたディレクトリは、❶のように設定しています。通常のWebサイトを公開する際のアドレスを基本としていますが、ホスティングサーバーを提供する会社によっては、❷のようにサブディレクトリが設定される場合もあります。それぞれの環境に合わせて進めてください。

❶ http://ドメイン/
❷ http://ドメイン/（サブディレクトリ）/

5：FTPでのデータのアップロード

作例では、必要なファイルについて、それぞれサーバーにフォルダを作成してアップロードする必要があります。作成するフォルダの場所は、例1のように、ドメインの後になるようにします。サブディレクトリがある場合は、例2のようになります。どちらの場合も、「wp-includes」などWordPressをインストールすると自動的に作成されるフォルダと同じ階層にフォルダを作成することがポイントです。作成場所が決まったら、フォルダを作成します。「js」フォルダには、jQueryプラグインをアップロードします。「css」フォルダには、プラグインの作者が作成したCSSや本書オリジナルのCSSファイルをアップロードします。ナビゲーションや写真などの画像データは、「images」や「img」フォルダにアップロードします。画像フォルダは、jQueryの作者によってフォルダの名称が異なります。この画像フォルダの名称は、CSSファイルにも記述されていて、不用意に変更すると画像ファイルが読み込めなくなるので注意してください。作例では、記述の変更などが必要な場合は解説しています。

例1
```
http:// ドメイン /js/
http:// ドメイン /css/
http:// ドメイン /images/
http:// ドメイン /img/
```

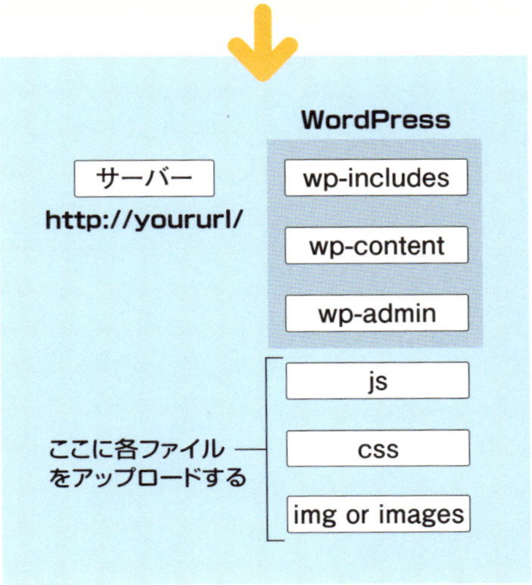

例2
```
http:// ドメイン / サブディレクトリ /js/
http:// ドメイン / サブディレクトリ /css/
http:// ドメイン / サブディレクトリ /images/
http:// ドメイン / サブディレクトリ /img/
```

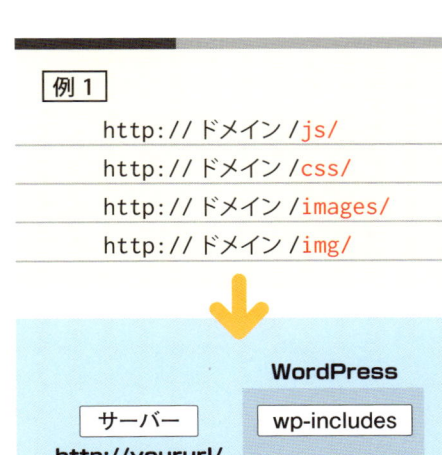

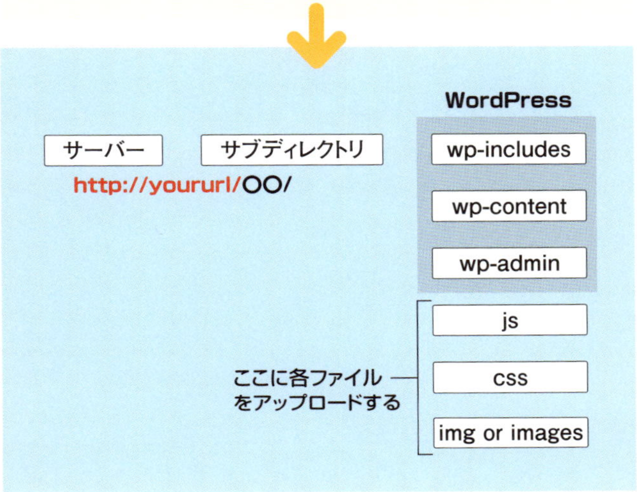

絶対パスと相対パス

CSS ファイルや JavaScript ファイル内から特定の画像を表示するよう指定する場合など、「あるファイル」から「別のファイル」を指し示すためには、何らかの方法で対象ファイルの位置を示す必要があります。このとき、位置を示す記述方法には「絶対パス」と「相対パス」の 2 種類があります。どちらの記述方法を使っても構いませんが、混同しないように注意してください。

- ●絶対パス：「ルートディレクトリ」から「画像ファイル」へ至る全階層を示す記述方法。
　　　　　（CSS ファイルの位置は無関係）
- ●相対パス：「CSS ファイルの位置」から「画像ファイル」へ至る階層だけを示す記述方法。
　　　　　（ルートディレクトリは無関係）

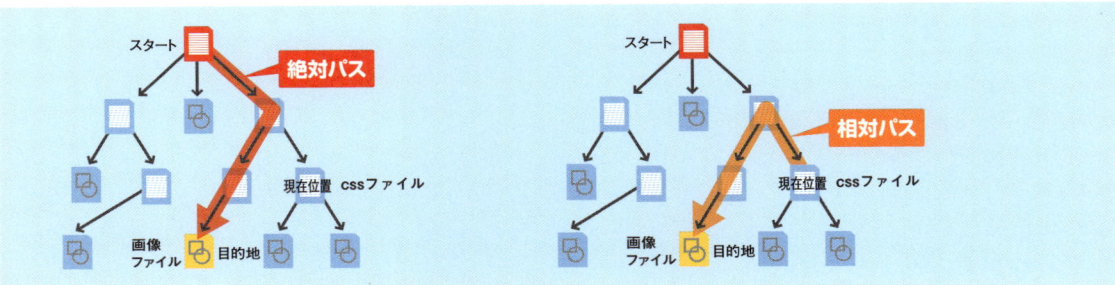

Web サイト上で「CSS ファイル」の中から「画像ファイル」を指し示す場合なら、図のような解釈になります。

たとえば、以下のような［A］と［B］2種類のディレクトリ構造がある場合で、CSSファイル（style.css）の中から、別のディレクトリにある画像ファイル（photo.jpg）の位置を示したい場合を考えます。

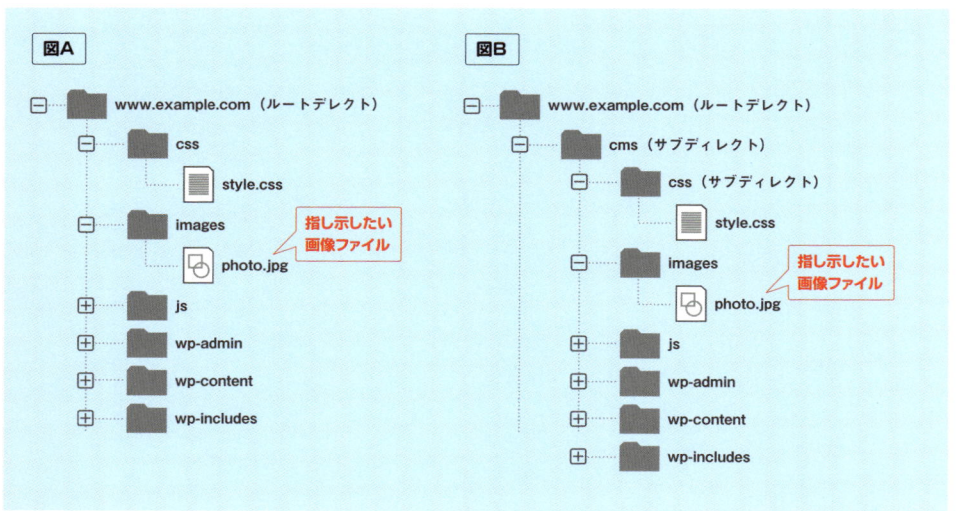

Webサイト上で「CSSファイル」の中から「画像ファイル」を指し示す場合なら、図のような解釈になります。

絶対パスの書き方

絶対パスは、「ルートディレクトリ（最上位階層）」から「対象ファイルのある位置」までのすべてのディレクトリ名を列挙する記述方法です。以下のように「http://」から記述するか、または「/」から記述します。

[Aの場合]

［書き方1］ http://www.example.com/images/photo.jpg

［書き方2］ /images/photo.jpg

[Bの場合]

［書き方1］ http://www.example.com/cms/images/photo.jpg

［書き方2］ /cms/images/photo.jpg

「書き方1」と「書き方2」はどちらでも構いません。将来的に、ドメイン名を変更したり、Webサイトの場所を移転したりする可能性を考えるなら、ドメイン名を含まない「書き方2」の方を採用しておく方が無難です。なお、httpとhttpsが混在する場合は、「書き方2」を採用する方がいいでしょう。また、対象の画像ファイルが、別のサーバー（異なるドメイン名のサイト）内にある場合は、「書き方1」を使って「http://」からすべてを記述するしかありません。

相対パスの書き方

相対パスは、「現在の位置」から「相手の位置」へ至るディレクトリ名だけを列挙する記述方法です。ルートディレクトリがどこにあるかは関係ありません。そのため、ディレクトリ構造が［A］でも［B］でも、記述内容に違いはありません。

［AのばあいでもBの場合でも］

［書き方］ ../images/photo.jpg

先頭の「../」は、パスを記述する際に使われる特殊な表記で、「親ディレクトリ」を示します。つまり、上記の相対パスは、「親ディレクトリ」→「images ディレクトリ」→「photo.jpg ファイル」という道順を示しています。CSS ファイルと画像ファイルとの関係が、下図「C」のように 2 階層以上開いている場合や、「D」のようにサブディレクトリにある場合は、以下のような記述になります。

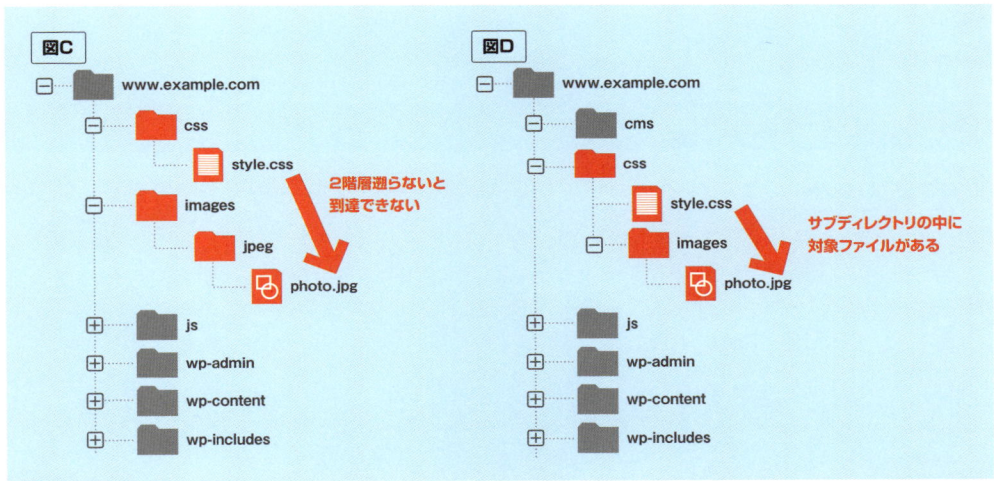

［Cの場合］

［書き方］ ../../images/jpeg/photo.jpg

上記の相対パスは、「親ディレクトリ」→「親の親ディレクトリ」→「images ディレクトリ」→「jpeg ディレクトリ」→「photo.jpg ファイル」という道順を示しています

［Dの場合］

［書き方1］ ./images/photo.jpg
［書き方2］ images/photo.jpg

先頭の「./」は、パスを記述する際に使われる特殊な表記で、「現ディレクトリ」（＝今いるディレクトリ）を示します。これは省略しても構わないため、「書き方 2」のように記述しても同じ意味です。上記の相対パスはどちらも、「現ディレクトリ」→「images ディレクトリ」→「photo.jpg ファイル」という道順を示しています。このように、相対パスでは、対象対象ファイルがサブ (子) ディレクトリにあるなら「./」から記述し、対象が親ディレクトリにあるなら「../」から記述します。

絶対パスで記述するメリット

絶対パスの場合、画像を読み込むよう記述しているファイル（CSS や JavaScript ファイル）自体を、単独で別のディレクトリへ移動させたとしても、リンク切れにならないメリットがあります。たとえば、CSS ファイル自身を /css/style.css から /common/css/style.css へ移動させても、画像ファイルを示す絶対パスに変化はないため、何も記述を修正する必要はありません。

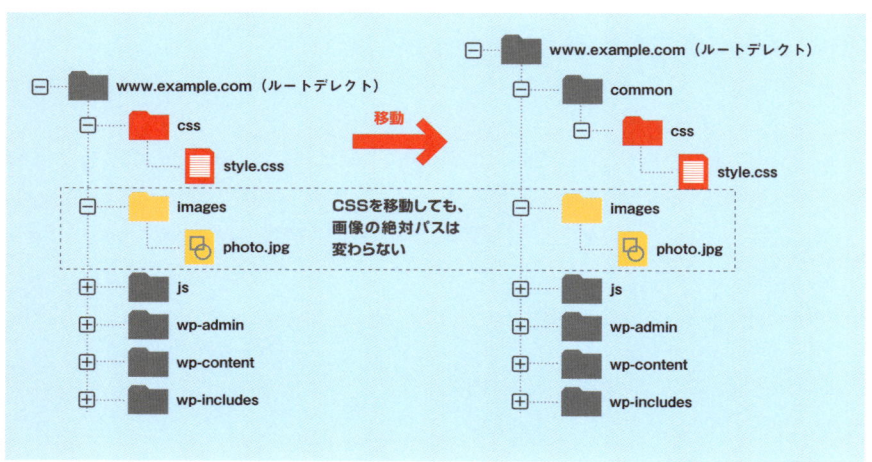

相対パスで記述するメリット

相対パスの場合、相対的な位置関係が変わらなければ、画像フォルダや css フォルダなどをどこへ移動してもソースは同じで済むメリットがあります。たとえば、CSS ファイルや画像ファイルなど、あらゆるファイルを一括して深い階層へ移動させたとしても、お互いの階層関係に変化がなければ、何も記述を修正する必要はありません。

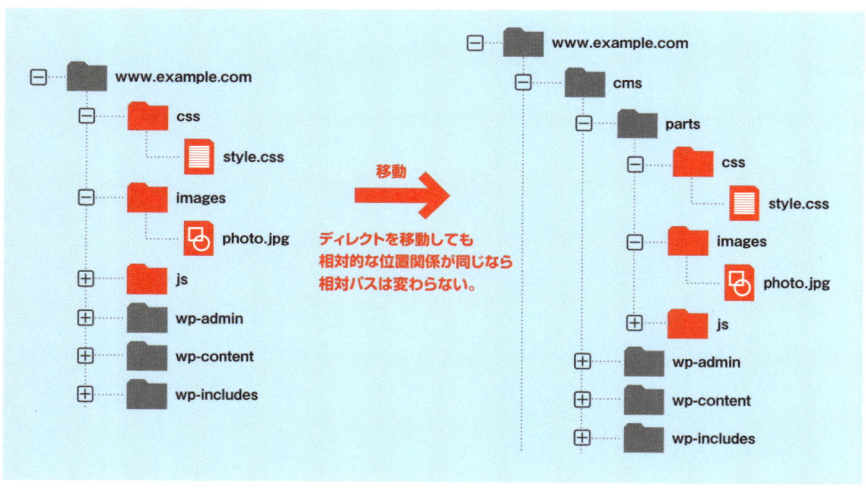

6：CSSの記述の修正

CSSソースの中には、画像ファイルのURLが記述されていることがあります。画像ファイルをアップロードした場所によっては、そのままのCSSソースでは画像を表示できない場合があります。もし画像が表示されない場合は、画像ファイルのURL部分を修正して下さい。

相対パスで記述された例
```
background: url(../images/bg_direction_nav.png) no-repeat 0 0;
```

この記述は、P.14の図Aや図Bのようなディレクトリ構造でアップロードされている場合の記述です。もし、P.15の図Cのようなディレクトリ構造でアップロードした場合、以下のように修正する必要があります。

相対パスを修正した例
```
background: url(../../images/jpeg/bg_direction_nav.png) no-repeat 0 0;
```

絶対パスに書き換えた例
```
background: url(/images/jpeg/bg_direction_nav.png) no-repeat 0 0;
```
または
```
background: url(http://www.example.com/images/jpeg/bg_direction_nav.png) no-repeat 0 0;
```

7：マルチドメインでの運用

マルチドメインで運用する場合でも基本的には動作します。ただしそれぞれの環境に設定が大きく影響されるので、WordPressに関しての詳しい技術をお持ちの方以外にはおすすめしません。導入時には、テストを行うなど注意してください。本書はすべての動作を保証するものではありません。

8：jQueryプラグインのライセンスに関して

本書で掲載しているjQueryプラグインは、作者に許諾を得て掲載しているものです。二次配布、改変など作者のライセンスに基づいているので、使用の際は作者のサイトを確認ください。

9：jQueryプラグインのダウンロードと画像データに関して

本書で解説しているjQueryプラグインは、インプレスジャパンの本書のサポートページからダウンロードできます。ただし作者の規定により、一部のjQueryプラグインは作者のサイトからのダウンロードになります。本書の作例で使用した画像は、作例以外のサイトでは一切利用できません。あくまでも作例制作のサンプル用として用意したものなので画像には透かしが入っています。

ダウンロード　http://www.impressjapan.jp/books/1112101139_4

10：テンプレート編集に際しての注意

作例は、WordPressの「Twenty Twelve」のテーマを編集します。編集の際は、管理画面からソースコードを表示して記述を追加したり、削除したりします。この作業は、非常に注意が必要です。記述する場所を間違えたり、余分なコードを書き込んだり、削除したりすると、元に戻すのが難しいためです。そのため、制作中に必要なテー

マを開いて編集する前に、そのページの記述を全部コピーして、テキストファイルなどで保存しておくことをおすすめします。間違った場合は、保存したコードをペーストすることで、元の状態に戻すことができます。

11：プラグインが動作しない場合、コンフリクトを確認する

jQuery プラグインは手軽に導入できますが、複数のプラグインを同時に導入するとエラーが発生して動作しなくなることがあります。正常に動作しない場合は、以下の内容を確認してみましょう。

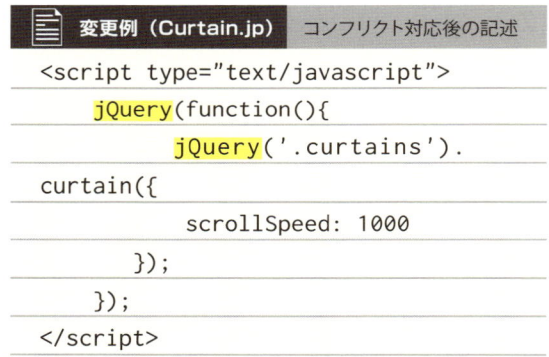

❶ 全角が含まれていないか
❷ ）や｝などが抜けていないか
❸ jQuery のバージョンは正しいか
❹ ブラウザは対象のものか
❺ コンフリクト回避の記述がある jQuery を読み込んでいないか

❺ 番の場合は、jQuery で使用する「$() 関数」は、prototype などそのほか JavaScript ライブラリも採用しているため衝突（コンフリクト）してエラーが発生してしまうことがあります。このため、WordPress の <?php wp_head(); ?> から出力される jQuery の本体ファイルにはコンフリクトしないように、noConflict(); という記述が入っています。TwentyTwelve では 1.8.3 が標準で用意されており、http://yoururl/wp-includes/js/jquery/jquery.js?ver=1.8.3（yoururl は、環境にあわせて変更する）にアクセスすると確認できます。ソースコードの最後の行に「jQuery.noConflict();」が記載されていればコンフリクト回避をしているので、対応が必要です。

この場合の対処方法は 2 通りあります。

1. $() 関数の代わりに jQuery() を使用する

ここでは作例で使用した「Curtain.js」をサンプルに記述例を紹介しています。

コンフリクト対応後のように $() を jQuery() に変更して記述します。

変更例（Curtain.jp） コンフリクト対応前の記述

```
<script type="text/javascript">
    $(function(){
        $('.curtains').curtain({
            scrollSpeed: 1000
        });
    });
</script>
```

変更例（Curtain.jp） コンフリクト対応後の記述

```
<script type="text/javascript">
    jQuery(function(){
        jQuery('.curtains').curtain({
            scrollSpeed: 1000
        });
    });
</script>
```

2. WordPress 標準の jQuery を読み込まない

本書で使用する Twenty Twelve は自動でコンフリクト回避済みの jQuery を読み込むことはありません。しかし使用する WordPress のプラグインなどを使用する際に読み込まれることがあるので、その際は下記のように <?php wp_head();?> の上に読み込む jQuery を指定します。こうするとコンフリクト回避記述のない jQuery を CDN から読み込み、通常通りの $() 記述で問題なく動作します。

```
<?php
    wp_deregister_script('jquery');
    wp_enqueue_script('jquery',
    '<script type=\'text/javascript\' src=\'http://ajax.googleapis.com/ajax/libs/jquery/1.9.1/jquery.min.js\'></script>',
    array(), '1.9.1');
?>
<?php wp_head();?>
```

WordPress の準備と基本操作

WordPress のテーマ「Twenty Twelve」をカスタマイズするために、初期設定で作成されている不要なページを削除しておきましょう。

削除の手順

WordPress のテーマ「Twenty Twelve」には、初期の状態で「投稿ページ」と「固定ページ」がそれぞれ作成されています。これらのページが残ったままの状態では、jQuery プラグインによってはうまく動作しないことがあるので、必ず作例作りを始める前に削除しておきましょう。

1：Twenty Twelve のテンプレートを確認する

WordPress のカスタマイズで重要なのが、テンプレートのカスタマイズです。[ダッシュボード]画面で ❶[外観]-❷[テーマ編集]をクリックします。❸画面右側には、WordPress を構成している各ページのテンプレートが選択できるようになっています。作例によって、カスタマイズするファイルを選択して、指示に従ってソースコードを編集していきます。

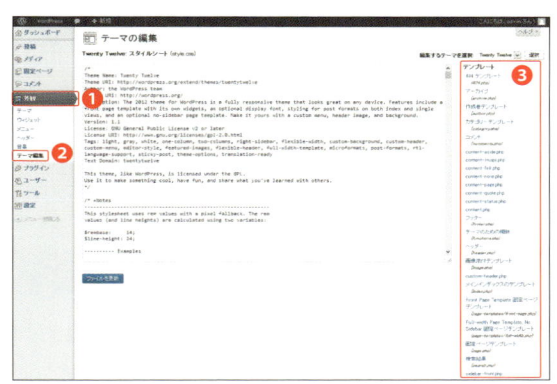

2：不要なページを削除する

初期の状態は、投稿ページと固定ページが作成されていますので、作例を始める前に削除しておきましょう。投稿ページを削除します。[ダッシュボード]画面で❶[投稿]-❷[投稿一覧]をクリックして、❸「Hello world!」の記事にチェックを付けて❹[ゴミ箱]をクリックします。次に固定ページを削除します。[ダッシュボード]で❺[固定ページ一覧]をクリックして、❻「サンプルページ」にチェックを付けて、❼[ゴミ箱]をクリックします。これで初期状態の不要なページが削除できました。

投稿ページの場合

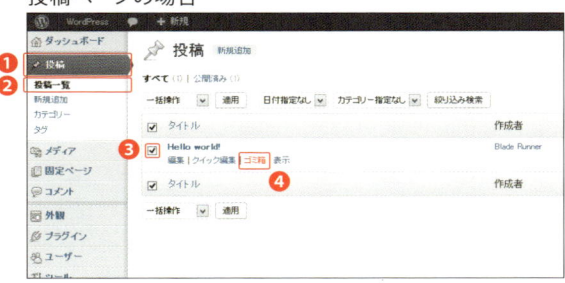

固定ページの場合

jQueryプラグインのライセンスについて

本書で紹介している jQuery プラグインは、作者に許諾を得て紹介、配布しています。これらは MIT や GPL、BSD ライセンスなど商用利用が可能なものとなっていますが、利用の際は、作者の Web サイトでライセンスを確認するようにしましょう。

The jQuery Plugin Registry　**http://plugins.jquery.com/**

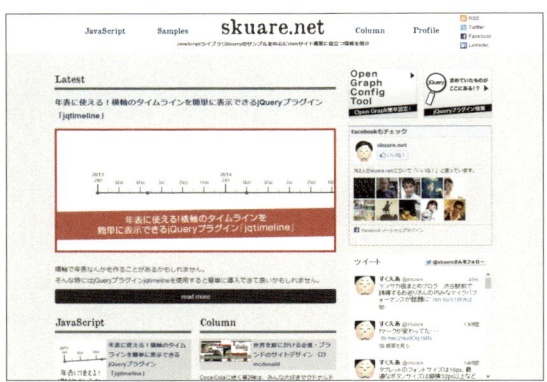

skuare.net（著者のサイト）　**http://www.skuare.net/**

ライセンス

MIT　MIT（マサチューセッツ工科大学）を起源とする代表的なソフトウェアライセンスです。基本的には無償で無制限に扱えますが、著作権表示および本許諾表示を記載しなければならない点と配布物については開発者が責任を負わないという部分については認識しておきましょう。

GPL　GPL でライセンスされた著作物は、その二次的著作物に関しても GPL でライセンスされる必要があります。ただし、プログラム改変や複製物の再配布などは認められていて、商用利用は許可されています。

BSD　無保証の明記と著作権およびライセンス条文の表示を再配布の条件とするライセンスです。この三点をドキュメントに記載さえしておけば、ほかのプログラムに組み込み、ソースコードも非公開にできるため、商用化に組み込みやすいライセンスです。

jQuery のアップデートに関して

本書は、jQuery1.9.1 のバージョンで動作確認しています。バージョンをアップデートする場合は、導入したプラグインが対応しているかどうかを確認してからアップデートしましょう。場合によっては、動作しなくなることもあります。アップデートする際は、1.9.1 のバージョン表記を変更するか、最新の jQuery プラグインをサーバーにアップロードすることでアップデートできます。

```
<script type='text/javascript' src='http://ajax.googleapis.com/ajax/libs/jquery/1.9.1/jquery.min.js'></script>
```

Chapter 2

SLIDER
スライダー

利用シーンが幅広く、多くのサイトで使われている画像スライダーをWordPressに導入します。シンプルで使いやすいスライド式スライダーやアコーディオンのように画像を折りたたんで表示するもの、全画面表示でスライドするものなど実用的なjQueryプラグインを解説します。

01 jQuery Gallery Slider Plugin：
   全画面でスクロールするギャラリーサイトを作る ……………………………… 022
02 zAccordion：画像をアコーディオンのように閉じたり開いたりする ……… 030
03 FlexSlider：大きな画像をスライドさせてページの印象を強く見せる ……… 038

スライダー 01 全画面でスクロールするギャラリーサイトを作る

使用するjQuery ▶ jQuery Gallery Slider Plugin

マウス操作に連動して、全画面に表示された画像が上下に移動する

オプションの設定で幅や画像の質感を変更できる

画像をWebブラウザの横幅いっぱいに表示して、マウスの動きに合わせて縦方向にスクロールするページが作れます。フルスクリーンに近い大きさで画像を見せられ、古いテレビ画面のようなざらざらした効果も付けられるので、映画のような迫力と臨場感を出すことができます。写真のギャラリーや、シンプルな画像に効果を付けて迫力を出したいときなどにおすすめです。

jQuery Gallery Slider Pluginは、記事に設定にしたアイキャッチ画像を全画面で表示する。画像の枚数を増やす場合は、アイキャッチ画像を設定した記事を投稿する。画像は記事の投稿順に表示される

jQuery Profile

■ 対象ブラウザ
IE 6 以上、Safari 6.03、Chrome 27、Firefox 22、Opera 12.15
[NAME] jQuery Gallery Slider Plugin
[URL] http://www.kollermedia.at/
[DL] http://www.kollermedia.at/archive/2009/06/06/jquery-gallery-slider-plugin/
http://www.impressjapan.jp/books/1112101139_4
フォルダ構成［3438_WPjQ］-［Slider］-［01jQueryGallerySliderPlugin］

制作の流れ

STEP 1 jQuery プラグインをサーバーにアップロードする

STEP 2 ギャラリーで表示する画像を投稿する

STEP 3 WordPress のテーマを編集して全画面表示にする

STEPUP カスタマイズ 画像の幅や質感をカスタマイズする

STEP 1　jQuery プラグインをサーバーにアップロードする

1 jQuery プラグインと CSS ファイルをアップロードする

jQuery プラグイン作者のページ（http://www.kollermedia.at/archive/2009/06/06/jquery-gallery-slider-plugin/）から jQuery Gallery Slider Plugin をダウンロードします。その中の「jquery.galleryslider.min.js」のファイルを「js」フォルダに、「galleryslider.css」のファイルを「css」フォルダにアップロードします。さらに「img」フォルダ内にある「raster.png」を「img」フォルダにアップロードします。

STEP 2　ギャラリーで表示する画像を投稿する

1 表示する画像を準備する

ギャラリーで表示する画像ファイルを 5 枚用意します。画像サイズは全画面で表示されても粗くならないように「幅：1000px」以上のサイズで作成しておきましょう。ここでは「幅：1024px、縦：714px」に設定しています。ファイル名は、「Slider1.jpg」～「Slider5.jpg」としています。

2 記事にアイキャッチ画像を登録する

準備した画像ファイルは、記事のアイキャッチ画像として登録します。[ダッシュボード]画面で❶[投稿]-❷[新規追加]をクリックし、❸タイトルを入力して、❹[アイキャッチ画像を設定]をクリックします。続けて❺[ファイルをアップロード]に登録するすべての画像をドラッグ＆ドロップし、❻画像のサムネイルが表示されたら最初に表示したい1枚を選択して、❼[アイキャッチ画像を設定]をクリックします。これで画像が登録できました。同様の手順で、ギャラリーに表示する画像をすべて登録します。[新規投稿を追加]画面に戻ったら、❽アイキャッチ画像が登録されているのを確認して、❾[公開]をクリックします。同様にすべての画像を登録しておきます。

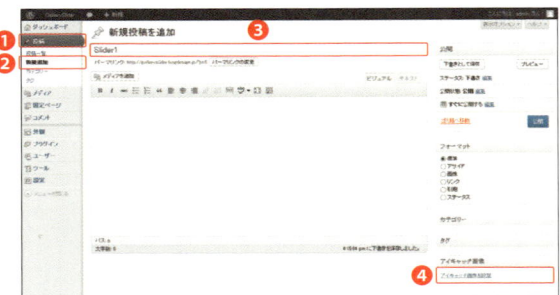

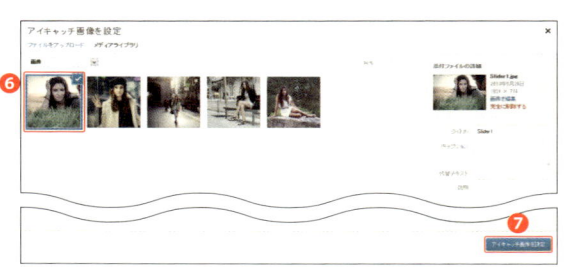

STEP 3　WordPress のテーマを編集して全画面表示にする

1 ［ヘッダー（header.php）］を編集して全画面で表示する

トップページに画像を画面いっぱいに表示するために、テンプレートの［ヘッダー（header.php）］を編集します。［ダッシュボード］画面で❶［外観］-❷［テーマ編集］をクリックして❸［ヘッダー（header.php）］をクリックします。ソースコードが表示されたら、❹ `<body <?php body_class(); ?>>` より下の記述をすべて削除して❺［ファイルを更新］をクリックします。

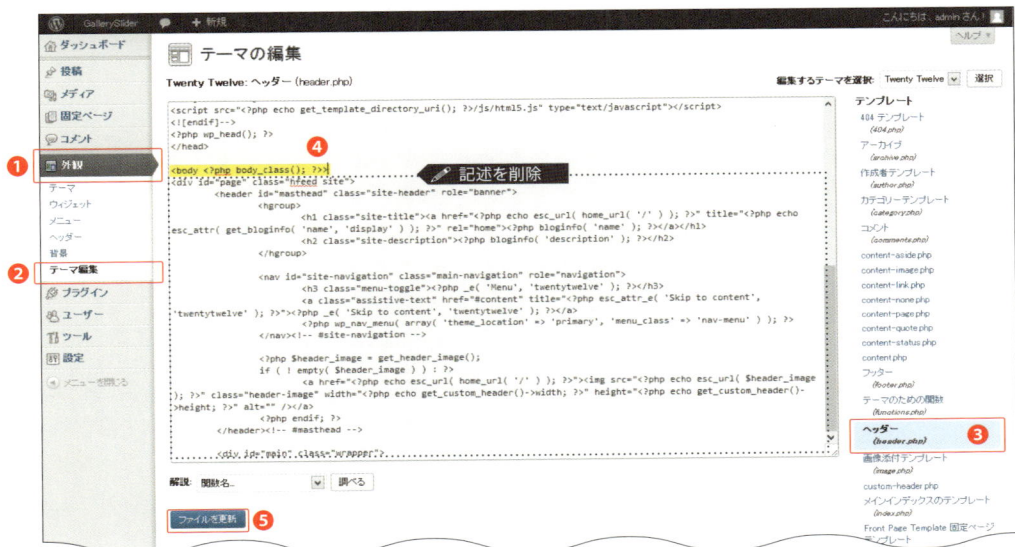

2 ［メインインデックスのテンプレート（index.php）］を編集する

❶［メインインデックスのテンプレート（index.php）］をクリックします。ソースコードが表示されたら、❷ `get_header(); ?>` より下をすべて削除して、次ページの❸ 01-A をその下に記述し、❹［ファイルを更新］をクリックします。

01-A　index.php

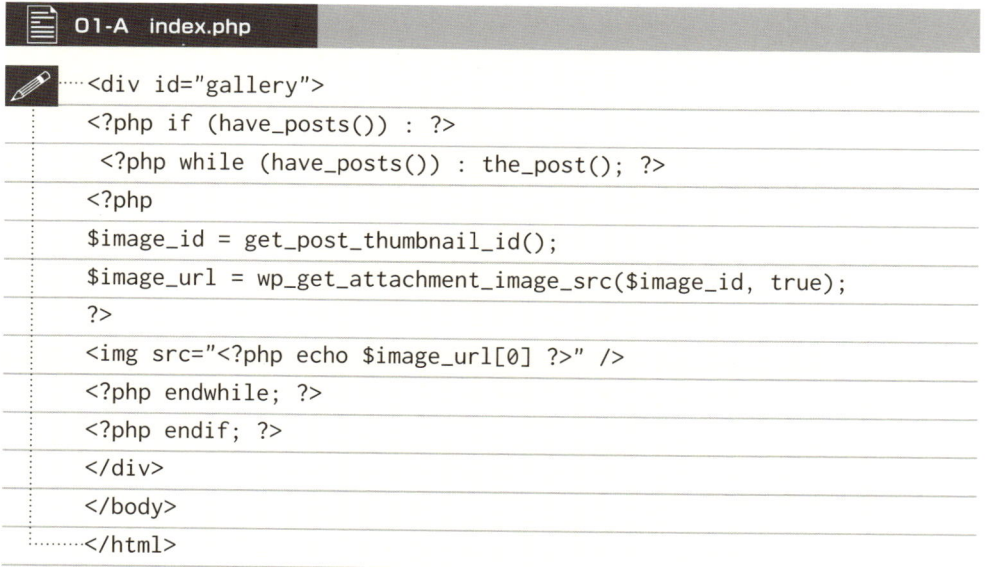

```
<div id="gallery">
    <?php if (have_posts()) : ?>
     <?php while (have_posts()) : the_post(); ?>
    <?php
    $image_id = get_post_thumbnail_id();
    $image_url = wp_get_attachment_image_src($image_id, true);
    ?>
    <img src="<?php echo $image_url[0] ?>" />
    <?php endwhile; ?>
    <?php endif; ?>
    </div>
    </body>
    </html>
```

3　jQueryプラグインとCSSファイルを読み込む記述を追加する

STEP 1でアップロードしたjQueryプラグインとCSSファイルを読み込む記述を追加します。[ダッシュボード]画面で❶[外観]-❷[テーマ編集]をクリックして❸[ヘッダー（header.php）]をクリックします。ソースコードが表示されたら、❹ `<?php wp_head(); ?>` の下に 01-B の記述を追加します。❺ [ファイルを更新] をクリックします。

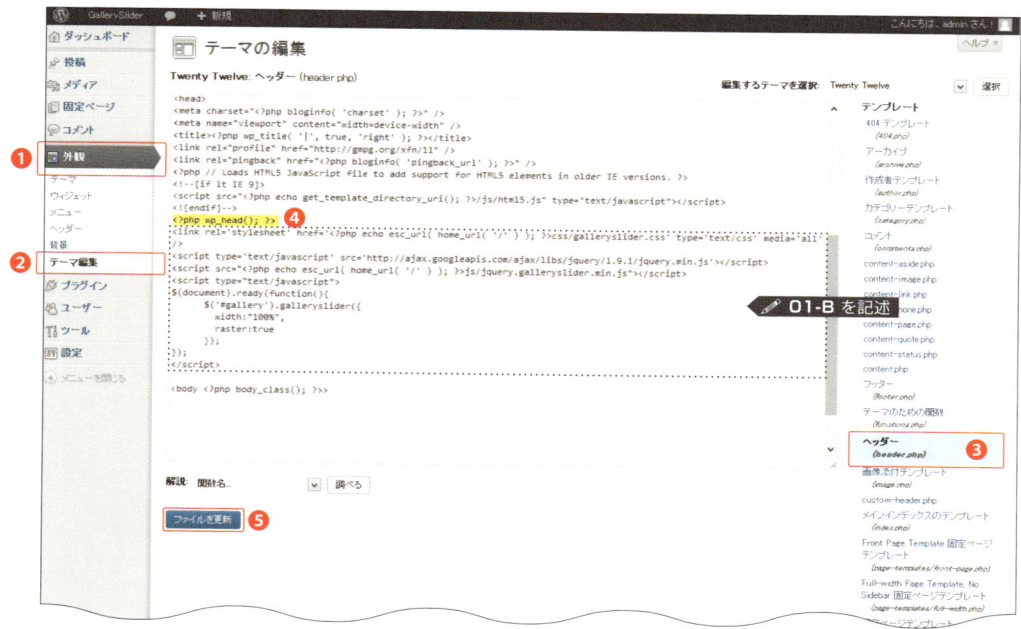

01-B　header.php

```
<?php wp_head(); ?>                                  ← この下に記述する
<link rel='stylesheet' href='<?php echo esc_url( home_
url( '/' ) ); ?>css/galleryslider.css' type='text/css'
media='all' />                                       ← CSSを読み込む
<script type='text/javascript' src='http://ajax.googleapis.
com/ajax/libs/jquery/1.9.1/jquery.min.js'></script>
<script src="<?php echo esc_url( home_url( '/' ) ); ?>js/
jquery.galleryslider.min.js"></script>               ← jQueryを読み込む
<script type="text/javascript">
$(document).ready(function(){
    $('#gallery').galleryslider({
      width:"100%",
      raster:true
    });
});
</script>
```

raster:true の設定は、STEP 1-1 でアップロードした「raster.png」の画像を読み込むか、読み込まないかを設定している。「false」にすると、効果がかかっていない画像を表示する

◉ 完成

全画面に画像が表示された。「raster.png」の細かいドットのような効果が適用されている

STEPUPカスタマイズ　画像の幅や質感をカスタマイズする

1 表示する画像の効果と幅を調整する

jQuery Gallery Slider Pluginは、指定した幅で画像を表示することもできます。また、 01-B では、画像上にざらざらした質感を加えていますが、これを消すこともできます。画像の幅は［width］の数値、画像の質感は［raster］の指定を［false］にすることで変更できます。［ダッシュボード］画面で❶［外観］-❷［テーマ編集］をクリックして❸［ヘッダー（header.php）］をクリックします。ソースコードが表示されたら、STEP 3-3 で❹ `<?php wp_head(); ?>` の下に記述した内容を 01-C のように変更して❺［ファイル更新］をクリックします。

📄 01-C　header.php

```
<script type="text/javascript">
$(document).ready(function(){
    $('#gallery').gallyslider({
        width:"600px",
        raster:false
    });
});
</script>
```

オプションの記述を変更

赤字の部分を変更する

完成

画像の幅が狭くなり、ざらざらした質感が無くなった

Hint 背景色を変更する

画像の幅を狭くした際、背景色を変えることもできます。背景色は、［ダッシュボード］画面で、❶［外観］-❷［背景］をクリックして、❸［表示オプション］から変更できます。変更したら❹［変更を保存］をクリックします。

スライダー 02 画像をアコーディオンのように閉じたり開いたりする

使用する jQuery　zAccordion

画像が折り重なって表示される

重なり合う画像には影が付いていて奥行きがある

Easing プラグインを利用してバウンドするようなアクションを適用している

zAccordion は、複数の画像をアコーディオンのように折りたたんで、順番に表示します。動きがおもしろいので画像に目が引き付けられるほか、メイン表示の画像以外も完全には隠れないため、気になる画像を見つけやすく、1 枚ずつ画像を表示するスライドするタイプよりクリックされやすいというメリットがあります。画像の動きに変化を付けたり、表示させる画像の枚数をカスタマイズしたりもできます。

画像が重なる部分に影が付いて立体感が出せる

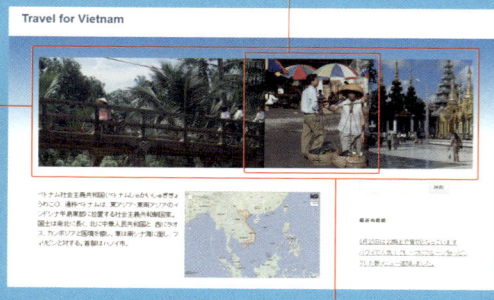

画像の枚数によって自動でのりしろ部分を計算してくれる

自動で特徴のある動きをくり返す

jQuery Profile

■ 対象ブラウザ
IE8 以上、Safari6.03 以上、Chrome27 以上、Firefox22 以上
NAME zAccordion
URL http://www.armagost.com/zaccordion/
DL http://www.impressjapan.jp/books/1112101139_4
フォルダ構成［3438_WPjQ］-［Slider］-［02zAccordion］

制作の流れ

STEP 1 jQuery プラグインをサーバーにアップロードする

STEP 2 表示させたい画像を準備する

STEP 3 WordPress のテーマを編集する

STEPUP カスタマイズ 切り替え速度や動きをカスタマイズする

STEP 1　jQuery プラグインをサーバーにアップロードする

1　jQuery プラグインファイルをアップロードする

本書のダウンロードページからサンプルをダウンロードし、その中の「jquery.zaccordion.min.js」のファイルをサーバーの「js」フォルダにアップロードします。

STEP 2　表示させたい画像を準備する

1　画像をアップロードする

WordPress の機能を使用して画像を3枚アップロードします。[ダッシュボード]画面で❶[メディア]-❷[新規追加]をクリックします。[メディアのアップロード]画面で、❸画像をドラッグ＆ドロップするか、[ファイルを選択]からアップロードします。ここでは「幅:500px、高さ:250px」の画像を3枚用意しました。

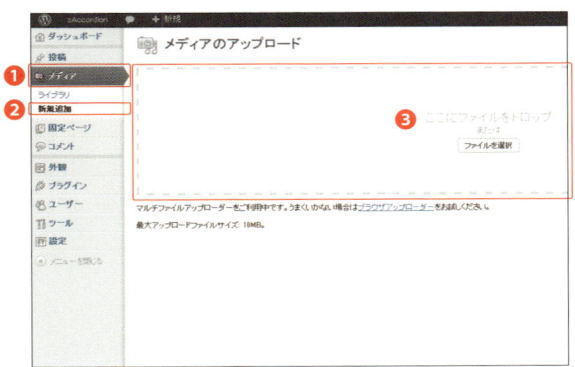

2　画像ファイルのURLを確認する

STEP 3-2 で登録した画像ファイルのURL が必要になるので確認しておきます。[ダッシュボード]画面で❶[メディア]-❷[ライブラリ]をクリックします。確認したい画像にマウスポインターを重ね、表示されたメニューの❸[編集]をクリックすると詳細な内容が表示されます。

画面右の❹［ファイルの URL］に URL
が表示されているのでコピーしておき
ましょう。3 枚の画像それぞれで URL
は異なるので、すべてコピーしておき
ます。

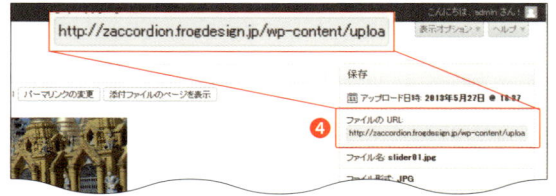

STEP 3　WordPress のテーマを編集する

1　jQuery プラグインを読み込む記述を追加する

jQuery プラグインを WordPress が読み込めるようにテーマの［ヘッダー (header.
php)］を編集します。［ダッシュボード］画面で❶［外観］-❷［テーマ編集］をク
リックして❸［ヘッダー（header.php）］をクリックします。ソースコードが表示さ
れたら、❹ `<?php wp_head(); ?>` の下に 02-A のように jQuery を読み込む記
述を追加します。ここではトップページにアコーディオンが表示されるように記述し
て、❺［ファイルを更新］をクリックします。

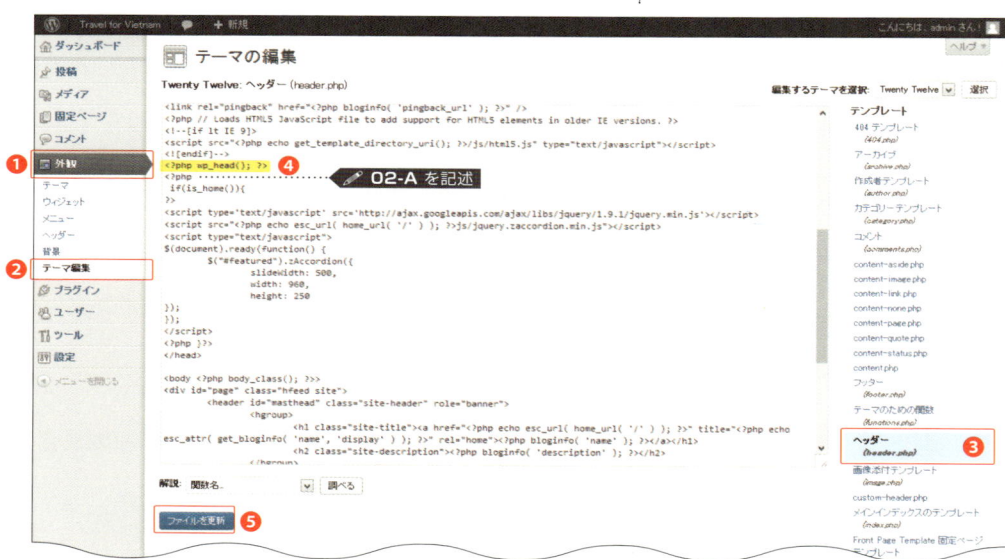

02-A　header.php

```
<?php wp_head(); ?>         ……この下に記述する
<?php
  if(is_home()){            ……トップページだけ表示
?>
<script type='text/javascript' src='http://ajax.googleapis.com/ajax/libs/jquery/1.9.1/jquery.min.js'></script>
<script src="<?php echo esc_url( home_url( '/' ) ); ?>js/jquery.zaccordion.min.js"></script>   ……jQuery を読み込む
<script type="text/javascript">
```

スライダー

```
$(document).ready(function() {
    $("#featured").zAccordion({
        slideWidth: 500,
        width: 960,
        height: 250
    });
});
</script>
<?php }?>
```

> ☑ **Check**
>
> 画像のサイズに合わせて、「slideWidth：500」で各画像の幅、「height：250」で高さを指定しています。「width：960」はアコーディオン全体の横幅です。これにより、余った460px内にほかの画像がたたまれて表示されます。

2 画像を読み込む記述を追加する

アコーディオンに表示する画像を読み込むために、［メインインデックスのテンプレート (index.php)］に記述を追加します。［ダッシュボード］画面で❶［外観］-❷［テーマ編集］から❸［メインインデックス のテンプレート (index.php)］をクリックします。ソースコードが表示されたら、 02-B のように❹ `<div id="primary" class="site-content">` の上に画像を読み込む記述を追加します。赤字のURLの部分には、STEP 2-2 でコピーした画像のURLがそれぞれ入ります。

```
http://yoururl/wp-content/uploads/ 年 / 月 / ファイル名 .jpg
```

02-B　index.php

```
<ul id="featured">
    <li>
        <img src="http:yoururl//wp-content/uploads/ 年 / 月 / ファイル名1.jpg" alt="alt1" />
    </li>
    <li>
        <img src="http://yoururl/wp-content/uploads/ 年 / 月 / ファイル名2.jpg" alt="alt2" />
    </li>
    <li>
        <img src="http://yoururl/wp-content/uploads/ 年 / 月 / ファイル名3.jpg" alt="alt3" />
    </li>
</ul>
<div id="primary" class="site-content">  ……この上に記述する
```

赤字の部分を STEP 2-2 でコピーした各画像の URL に変更する

 完成

画像3枚がトップページのヘッダーに配置できた。3枚の画像は折りたたまれて、自動でループしながら画像が横にスライドインしたり、スライドアウトしたりする

スライダー

STEPUPカスタマイズ　切り替え速度や動きをカスタマイズする

1 マウス操作でアコーディオンが動くようにする

［ヘッダー（header.php）］にオプションを追加することで、アコーディオンの横幅や画像の切り替え速度などを変更できます。ここでは、画像の自動切り替えを停止し、画像にマウスポインターを重ねたときにアコーディオンが動き、画像が表示するようにします。［ダッシュボード］画面で❶［外観］-❷［テーマ編集］をクリックして❸［ヘッダー（header.php）］をクリックします。ソースコードが表示されたら 02-C のように赤字の部分のオプションの記述を追加します。

02-C header.php

```
<script type="text/javascript">
$(document).ready(function() {
  $("#featured").zAccordion({
    slideWidth: 500,
    width: 960,
    height: 250,
    auto:false,
    trigger: "mouseover"
  });
});
</script>
```

オプションを追加

画像の自動切り替えを停止し、マウスオーバーで切り替える記述

オプションで設定できる効果

オプション名	効果
auto	画像の切り替えを自動にするかどうか（※デフォルトは自動。しない場合はfalse）
easing	アコーディオンの動きの設定（※ Easingプラグインを利用）
height	アコーディオンの高さ ※必須
pause	マウスオーバーで停止するかどうか
slideClass	各画像のclass名
slideWidth	各画像の横幅 ※必須
speed	画像の切り替える速度
startingSlide	最初に表示する画像（※0から始まります）
timeout	各画像の表示時間（1000分の1秒）

trigger	画像を切り替えるイベントの設定（click：クリックしたとき、mouseover：マウスカーソルを重ねたとき）
width	アコーディオン全体の横幅 ※必須

2 アコーディオンの動き方を変える

アコーディオンの動き方を変えるには、Easing プラグインを使います。アニメーションなどのオプションがたくさん用意されているプラグインでとてもよく使われています。このプラグインは、CDN から読み込んで使うことができます。ここでは画像が横に移動して端に来たらバウンドするように止まる動きを付けます。［ダッシュボード］画面で❶［外観］-❷［テーマ編集］をクリックして❸［ヘッダー（header.php）］をクリックします。 02-D のようにプラグインを読み込む記述を追加し、 02-E のようにオプションの記述を追加します。

02-D　header.php

```
<script type='text/javascript' src='http://ajax.googleapis.com/ajax/libs/jquery/1.9.1/jquery.min.js'></script>
<script src="http://cdnjs.cloudflare.com/ajax/libs/jquery-easing/1.3/jquery.easing.min.js"></script>
<script src="<?php echo esc_url( home_url( '/' ) ); ?>js/jquery.zaccordion.min.js"></script>
```

CDN からプラグインを読み込む記述を追加する

02-E　header.php

```
<script type="text/javascript">
$(document).ready(function() {
  $("#featured").zAccordion({
    slideWidth: 500,
    width: 960,
    height: 250,
    easing: 'easeOutBounce',
    auto:false,
    trigger: "mouseover"
  });
});
</script>
```

動きに関するオプションを指定している。「EASINGS NET」(http://easings.net/ja) には、プラグインの動作例が掲載されているので、参考にするといい

Hint CDNとは？

CDNはContents Delivery Networkの略で、コンテンツを配信するために最適化されたネットワークのことです。さまざまなサービスが提供されており、ここでは、必要なプラグインのデータをネットワーク経由で取得しています。これによってWebサイトの表示が高速化されるというメリットがあります。

完成

オプションが適用され、切り替える速度や動きを変更できた

スライダー
03 大きな画像をスライドさせてページの印象を強く見せる

使用するjQuery **FlexSlider**

一定の間隔で画像が自動的にスライドして切り替わる

画像にマウスオーバーすると矢印のアイコンが表示され、クリックしてスライドできる

画像はアイコンをクリックして切り替えることもできる

画像が切り替わる方向や速度は、オプションで設定できる

FlexSliderを使って、Webサイトのトップページに横長のスライダーを配置し、3枚の画像がスライドしながら切り替わるようにします。大きな角版の画像を表示できるので、サイトのイメージを強く印象付けることができます。さらにカスタマイズでは、FlexSliderのオプションを設定することで、スライドを縦に切り替えたり、切り替わる間隔や速度を変更したりするほか、記事の投稿時に設定した画像をスライダーに表示させる連携方法についても解説します。

jQuery Profile

■ 対象ブラウザ
IE7以上, Safari 4以上, Chrome 4以上, Firefox 3.6以上, Opera 10以上, iOS, Android

NAME **FlexSlider**
URL http://www.woothemes.com/flexslider/
DL http://www.impressjapan.jp/books/1112101139_4
フォルダ構成 ［3438_WPjQ］-［Slider］-［03FlexSlider］

制作の流れ

STEP 1 jQueryプラグインをサーバーにアップロードする

STEP 2 スライドさせる画像を準備する

STEP 3 WordPressのテーマを編集する

STEPUP カスタマイズ 1 スライドの方向や時間、切り替え方を変更する

STEPUP カスタマイズ 2 投稿した記事の画像と連動させて表示する

STEP 1　jQueryプラグインをサーバーにアップロードする

1　jQueryプラグインと画像をアップロードする

本書のダウンロードページからサンプルをダウンロードし、その中の「jquery.flexslider-min.js」をサーバーの「js」フォルダにアップロードします。FlexSliderでは、さらに「images」フォルダ内にある矢印の画像「bg_direction_nav.png」が必要なので、サーバーの「images」フォルダにアップロードします。「images」フォルダを作成していない場合は、フォルダごとアップロードして構いません。「css」ファイルは、次のSTEP 1-2で編集してからアップロードするので、ここではアップロードしないでください。

2　CSSファイルのディレクトリの記述を変更し、アップロードする

FlexSliderは、ダウンロードしたままの状態ではCSSファイルの置いてある場所がサーバーのディレクトリ構造と異なるため、そのまま「css」フォルダへアップロードしてしまうと画像を正しく読み込めません。そこで、「flexslider.css」内に書かれている矢印の「bg_direction_nav.png」の画像をアップロードしたディレクトリのパスを 03-A の赤字部分のように変更します。変更したら保存して、サーバーの「css」フォルダにアップロードします。

03-A　flexslider.css

```
.flex-direction-nav a {width: 30px; height: 30px; margin: -20px 0 0; display: block; background: url(../images/bg_direction_nav.png) no-repeat 0 0; position: absolute; top: 50%; z-index: 10; cursor: pointer; text-indent: -9999px; opacity: 0; -webkit-transition: all .3s ease;}
```

03　大きな画像をスライドさせてページの印象を強く見せる

STEP 2 スライドさせる画像を準備する

1 画像を3枚用意する

切り替え用の「幅:1400px、高さ:400px」の画像を3枚用意し、それぞれ「slide1.jpg」「slide2.jpg」「slide3.jpg」などわかりやすいファイル名を付けておきます。

> ☑ **Check**
>
> 画像のサイズを変更してしまうと、正しく表示されなくなることがあります。また、画像の保存形式は写真を利用する場合、一般的にはjpgを使用します。gifは色数の少ないものや透過、アニメーションに使用しますが、256色なので、写真など色数の多い画像には不適です。pngは色数の多いものを透過させる際に利用しますが、IE6など古いブラウザでは対応していません。

2 画像をアップロードする

画像はWordPressの機能を使用してアップロードします。[ダッシュボード]画面で❶[メディア]-❷[新規追加]をクリックします。[メディアのアップロード]画面で、❸画像をドラッグ&ドロップするか、[ファイルを選択]からアップロードします。

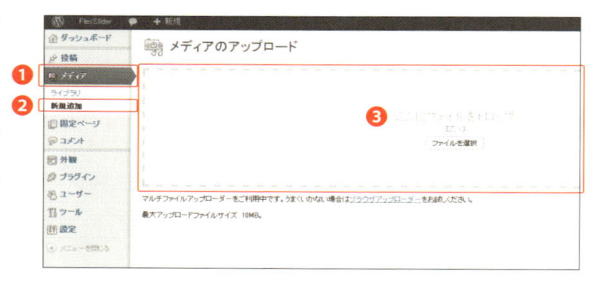

3 画像ファイルのURLを確認する

後で画像ファイルのURLが必要になるので確認しておきます。[ダッシュボード]画面で❶[メディア]-❷[ライブラリ]をクリックします。確認したい画像にマウスポインターを重ね、表示されたメニューの❸[編集]をクリックすると詳細な内容が表示されます。右下の画面の❹「ファイルのURL」にURLが表示されています。このURLをテキストエディターなどにコピーしておきましょう。3枚の画像それぞれでURLは異なるのですべてコピーしておきます。

STEP 3　WordPressのテーマを編集する

1 jQueryプラグインとCSSを読み込む記述を追記する

jQueryプラグインをWordPressが読み込めるようにテーマの［ヘッダー（header.php）］を編集します。「ダッシュボード」画面で、❶［外観］-❷［テーマ編集］をクリックして❸［ヘッダー（header.php）］をクリックします。ソースコードが表示されたら、❹ `<?php wp_head(); ?>` の下に 03-B を追加し、❺［ファイルを更新］をクリックします。

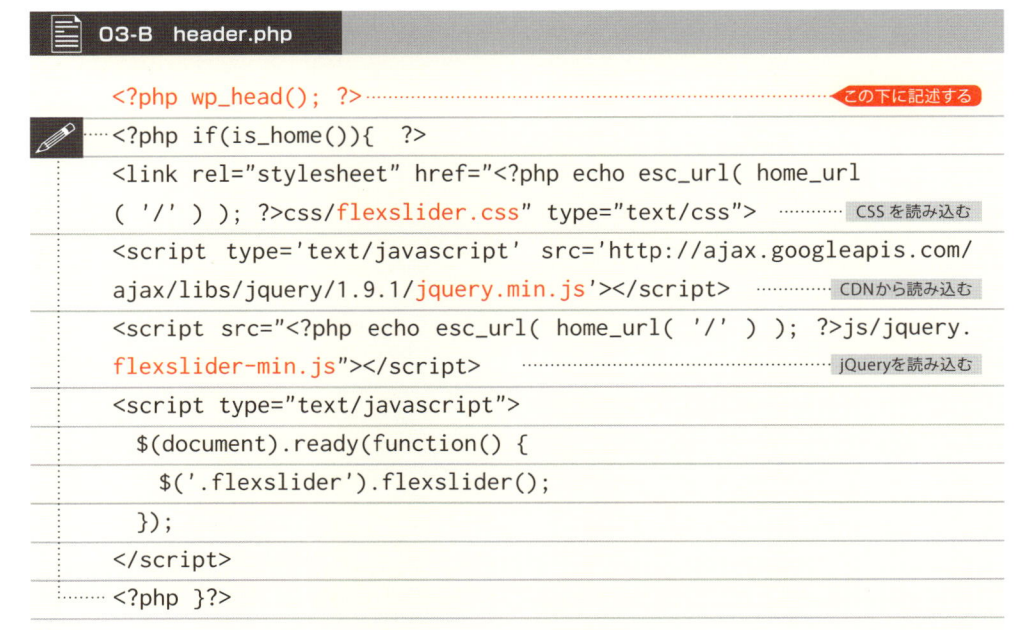

03-B　header.php

```
<?php wp_head(); ?>                                         ……この下に記述する
<?php if(is_home()){   ?>
<link rel="stylesheet" href="<?php echo esc_url( home_url
( '/' ) ); ?>css/flexslider.css" type="text/css">          ……CSSを読み込む
<script type='text/javascript' src='http://ajax.googleapis.com/
ajax/libs/jquery/1.9.1/jquery.min.js'></script>             ……CDNから読み込む
<script src="<?php echo esc_url( home_url( '/' ) ); ?>js/jquery.
flexslider-min.js"></script>                                ……jQueryを読み込む
<script type="text/javascript">
  $(document).ready(function() {
    $('.flexslider').flexslider();
  });
</script>
<?php }?>
```

2 画像ファイルを読み込む記述を追加する

STEP 2 でアップロードしたスライドさせる画像ファイルを読み込めるように、FlexSlider の記述を［メインインデックスのテンプレート (index.php)］に追加します。［ダッシュボード］画面で❶［外観］-❷［テーマ編集］をクリックして❸［メインインデックスのテンプレート (index.php)］をクリックします。ソースコードが表示されたら、03-C のように画像を読み込む記述を❹ get_header(); ?> の下に追加します。

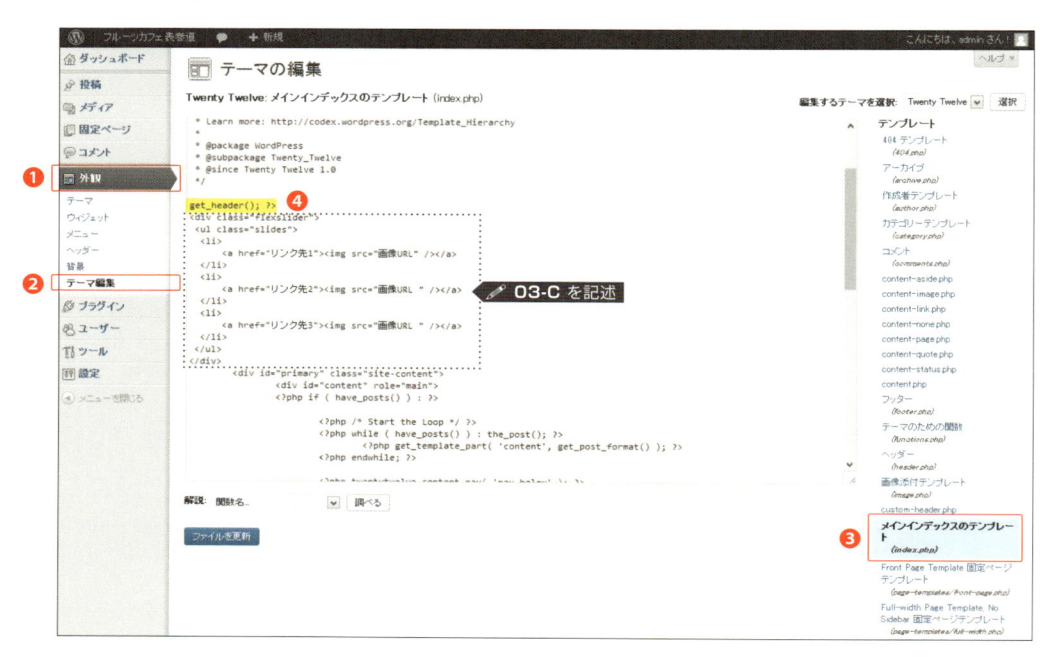

03-C index.php

```
get_header(); ?>                              この下に記述する
<div class="flexslider">
  <ul class="slides">
    <li>
      <a href="リンク先1"><img src="画像URL" /></a>
    </li>
    <li>
      <a href="リンク先2"><img src="画像URL" /></a>
    </li>
    <li>
      <a href="リンク先3"><img src="画像URL" /></a>
    </li>
  </ul>
</div>
```

次に、追加したソースコード内の「リンク先」と「画像URL」にそれぞれURLを記述します。「リンク先」には、画像をクリックすると移動するページのURLを入力します。「画像URL」には、STEP 2-3でコピーしておいた画像のURLをそれぞれ入力します。入力して❺［ファイルを更新］をクリックしたら、メニュー上部の❻［(サイト名)］-❼［サイトを表示］をクリックして、正しく表示されているかどうかを確認しましょう。画像がオーバーラップして切り替わります。画像をクリックすると、STEP 3-2で設定したURLのページにアクセスします。

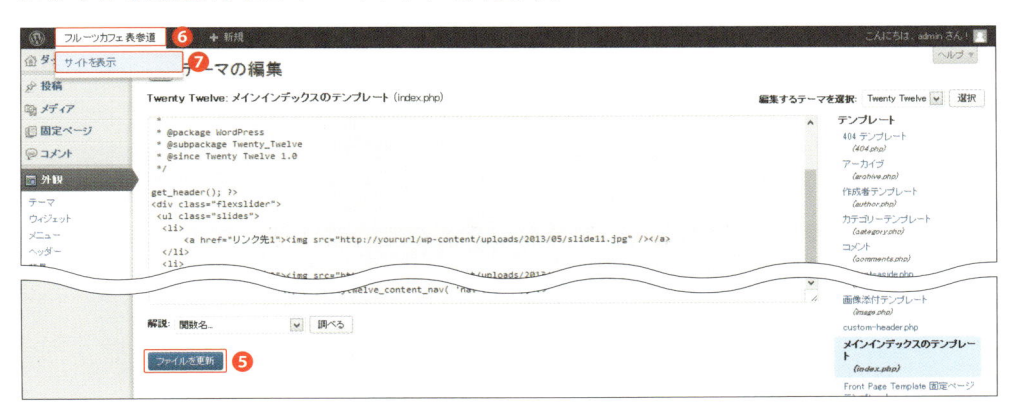

完成

スライドがトップページに設置できた

STEPUP カスタマイズ 1　スライドの方向や時間、切り替え方を変更する

FlexSliderのスライドの動作はオプションを追加することで変更できます。STEP 3で［ヘッダー（header.php）］に記述した内容をカスタマイズしてみましょう。［ダッシュボード］画面で❶［外観］-❷［テーマ編集］をクリックして❸［ヘッダー（header.php）］をクリックします。ソースコードが表示されたら、 03-D の場所に 03-E の赤字部分のように「オプション一覧」を参考に入力します。またスライドが縦方向に切り替わるため、両サイドに表示されるアイコンを変更します。ダウンロードした「縦用アイコン画像」フォルダにある❹「bg_direction_nav.png」をサーバーの「images」フォルダにアップロードします。このとき STEP 1-1 でアップロードした同じ名前の画像があるので、上書きしてください。

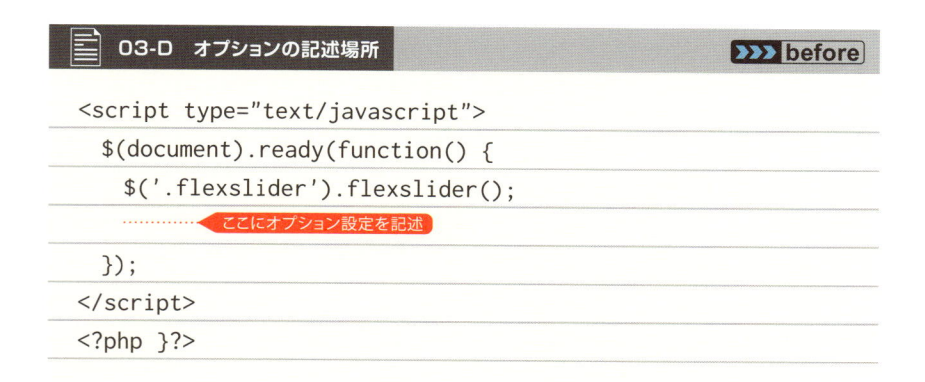

03-D　オプションの記述場所　　　　　before

```
<script type="text/javascript">
  $(document).ready(function() {
    $('.flexslider').flexslider();
          ここにオプション設定を記述
  });
</script>
<?php }?>
```

| スライダー

03 大きな画像をスライドさせてページの印象を強く見せる

03-E オプションの記述 〔after〕

```
<script type="text/javascript">
$(document).ready(function() {
  $('.flexslider').flexslider({
    animation:"slide",
    direction:"vertical",
    slideshowSpeed:8000,
    animationSpeed:1000
  });
});
</script>
```

オプションを追加

完成

03-E のオプションでは、縦にスライドし、スライドの切り替わりを 8000 ミリ／秒、アニメーションは、1000 ミリ／秒で動作するように設定した

045

オプションで設定できる効果

オプション名	効果
animation	スライドオプションの切り替え方の設定は、「"fade"」と「"slide"」がある。デフォルトでは「"fade"」となっている
animationLoop	アニメーションをループさせるかどうかを指定する。ループさせる "true" とさせない "false" があり、デフォルトは "true" となっている。"false" にすると最後の画像でスライドが止まる
animationSpeed	アニメーションの速度を数字で設定する。ミリ秒単位（1000で1秒）
direction	animation で「"slide"」を指定した場合に、スライドする方向を指定することができる。水平方向の「"horizontal"」と垂直方向の「"vertical"」がある。デフォルトは「horizontal」。なお、垂直方向に移動させる場合は左右を向いている矢印との整合性がとれなくなるのでオリジナルで画像を作成するか矢印の向きを調整するといい
slideshow	自動でスライドショーを始めるかどうかの設定。"true" と "false" があり、自動にしない場合は "false" にする
slideshowSpeed	1枚の画像の表示時間を数字で設定する。ミリ秒単位（1000で1秒）

STEPUP カスタマイズ 2　投稿した記事の画像と連動させて表示する

カスタマイズ 2 では、記事と画像を投稿すると、その画像を FlexSlider のスライド画像として表示する方法を解説します。WordPress のテンプレートは、変更などをしていない、初期の状態を例に解説します。STEP 1、STEP 3-1 の手順は、前の解説と同じように進めてください。ここでは、画像の登録方法から解説します。

1 投稿記事にアイキャッチ画像を登録する

記事の投稿画面で、画像をアイキャッチ画像として投稿すると FlexSlider に表示することができます。［ダッシュボード］画面で❶［投稿］-❷［新規追加］をクリックします。❸［新規投稿を追加］画面で記事を作成し、右下の❹［アイキャッチ画像を設定］をクリックします。❺［ファイルをアップロード］タブをクリックして画像をアップロードするか、［メディアライブラリ］タブから登録済みの❻画像を選択して、❼［アイキャッチ画像を設定］をクリックします。ここで登録する画像のサイズは、「幅：1400px、縦：400px」にしておきます。［新規投稿を追加］画面に戻ったら、❽［公開］をクリックして記事を投稿します。同様にスライドさせたいほかの画像の記事も投稿しておきます。

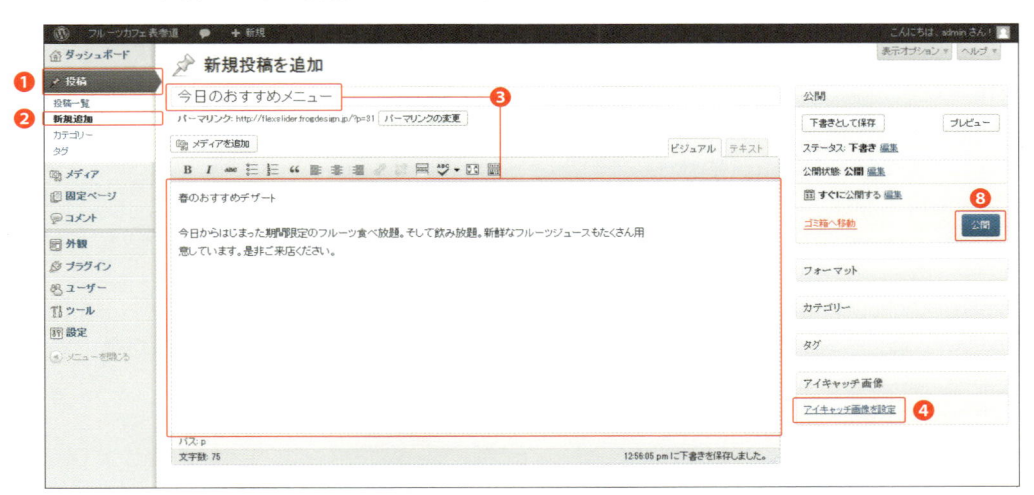

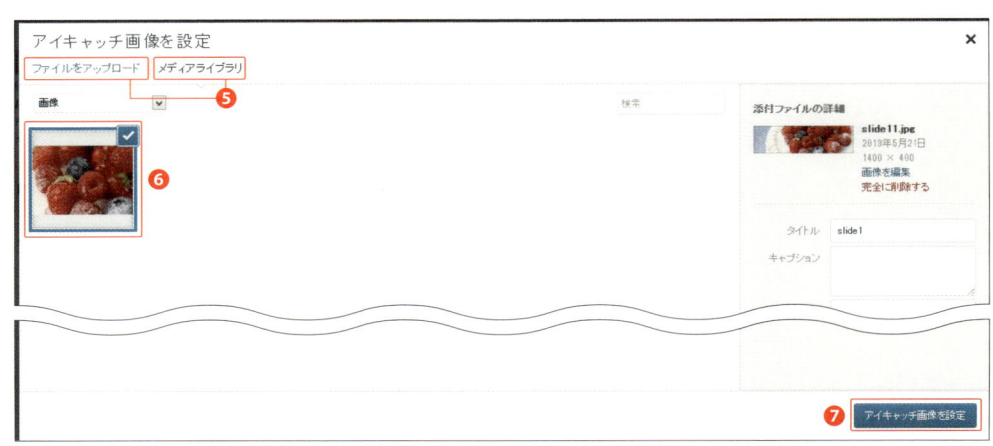

👁Hint アイキャッチ画像とは

アイキャッチ画像は WordPress 3 から搭載された機能で、投稿記事のサムネイルとして画像が表示できる機能です。

> ☑ **Check**
> ここではテンプレートのヘッダーのサイズに合わせて画像のサイズを STEP 2-1 と同じ「幅：1400px、高さ：400px」にする必要があります。

2 投稿した画像にリンクを設定する

ここでは、[メインインデックスのテンプレート (index.php)] を編集して、アイキャッチ画像を記事へのリンク付きで FlexSlider に表示するように設定します。[ダッシュボード] 画面で ❶ [外観] - ❷ [テーマ編集] をクリックして ❸ [メインインデックスのテンプレート (index.php)] をクリックします。ソースコードが表示されたら、❹ `get_header(); ?>` の下に 03-F を追加して ❺ [ファイルを更新] をクリックします。

> ☑ **Check**
> STEP 3-2 の 03-C の記述をしている場合はエラーが表示されるので、追加したソースコードを削除してください。

| スライダー

03-F　index.php

```
    get_header(); ?>                              ←この下に記述する
<?php if (is_home()) { ?>
<div class="flexslider">
<ul class="slides">
<?php
query_posts('showposts=3'); if ( have_posts() ) :
  while ( have_posts() ) : the_post(); ?>
<?php if(has_post_thumbnail()) {?>
        <li>
          <a href="<?php the_permalink() ?>">
          <?php the_post_thumbnail(array(1200,400)); ?></a>
        </li>
<?php }?>
        <?php endwhile; ?>
        <?php endif; // end have_posts() check ?>
</ul>
</div>
<?php }?>
```

STEP 3-2 で画像のリンク先を指定した記述を、自動で出力するように WordPress のタグで設定している

3 画像の件数を制限する

記事を投稿していくと、FlexSlider に表示するアイキャッチ画像の枚数が増えてページが重くなってしまうので、最新 5 件程度で抑えておくといいでしょう。 03-G のように数字を変更すれば最大枚数を調整できます。 03-F の 6 行目の数字を変更します。

03-G

```
<?php
query_posts('showposts=5');                    ←数字で件数を変更
if ( have_posts() ) : while ( have_posts() ) :
the_post(); ?>
```

◉ 完 成

記事の投稿画像と連動して画像が挿入できた。記事と画像を投稿するたびに、スライドの画像も追加される

Chapter 3

EFFECT
エフェクト

画像に加工を加えたり、振動させたり、拡大させたりして、Web サイトにおもしろい効果を出す jQuery プラグインを導入するための解説をします。Web サイトに取り入れるだけで画像の印象を強くしたり、クリック率を上げたりできます。

04 jRumble：画像を振動させて注目を集める ································· 052
05 vintageJS：画像にフィルター効果を与えてノスタルジックな雰囲気を演出する ··· 060
06 jQuery Drop Captions：画像の説明文をアニメーション表示する ············ 076
07 tiltShift.js：トイカメラ風の写真に画像を加工する ···························· 088
08 Textualizer：テキストの表示切り替えにおもしろい動きを付ける ············ 098
09 Jquery Image Zoom：画像を部分的に拡大して細部まで表示させる ······· 108
10 jquery-instagram：
　Instagram の画像をハッシュタグで読み込んで表示する ················· 122

エフェクト 04 画像を振動させて注目を集める

使用するjQuery jRumble

ピサの斜塔（ピサのしゃとう、伊語: Torre di Pisa）は、イタリアのピサ市にあるピサ大聖堂の鐘楼であり、世界遺産「ピサのドゥオモ広場」を構成する観光スポットである。高さは地上55m、階段は297段あり、重量は14,453t、地盤にかかる平均応力は50.7tf/m2と見積もられている。一時傾斜の増大と倒壊の危惧があったがその後の処置により（後述）、当分問題ないと判断されている。5.5度傾いていたが[1][2][3]、1990年から2001年の間に行われた工事によって、現在は約3.99度に是正されている[4]。かつてのガリレオの実験に対する弾圧に対した公式な侘びの声明をローマ法王が塔の頂上にて行った事も有名。
（出典：ウィキペディア）

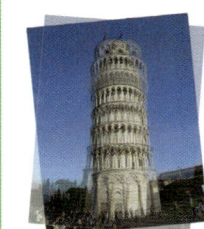

画像をクリックすると振動し、再度クリックすると止まる

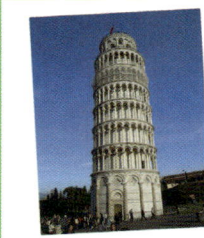

デフォルト値より大きく振動させることもできる

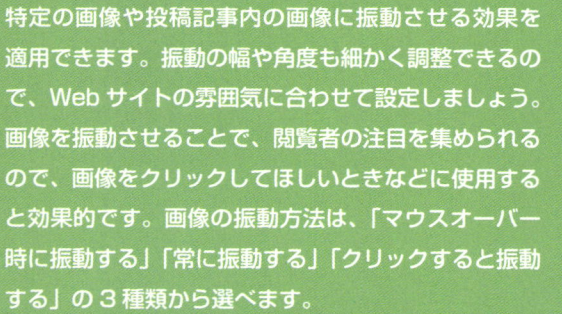

常に振動し続けることもできる

特定の画像や投稿記事内の画像に振動させる効果を適用できます。振動の幅や角度も細かく調整できるので、Webサイトの雰囲気に合わせて設定しましょう。画像を振動させることで、閲覧者の注目を集められるので、画像をクリックしてほしいときなどに使用すると効果的です。画像の振動方法は、「マウスオーバー時に振動する」「常に振動する」「クリックすると振動する」の3種類から選べます。

jQuery Profile

■ 対象ブラウザ
IE 7以上、（IE 8、IE 9は、X軸Y軸のみ対応し、回転については機能しない）、Safari 6.03以上、Chrome 4以上、Firefox 22以上

NAME jRumble
URL http://jackrugile.com/jrumble/
DL http://www.impressjapan.jp/books/1112101139_4
フォルダ構成　［3438_WPjQ］-［Effect］-［04jRumble］

制作の流れ

STEP 1 jQuery プラグインをサーバーにアップロードする

STEP 2 振動させたい画像を準備して投稿する

STEP 3 WordPress のテーマを編集する

STEPUP カスタマイズ 画像の振動方法をカスタマイズする

STEP 1　jQuery プラグインをサーバーにアップロードする

1　jQuery プラグインをアップロードする

本書のダウンロードページからサンプルをダウンロードし、その中の「jquery.jrumble.1.3.min.js」をサーバーの「js」フォルダにアップロードします。

STEP 2　振動させたい画像を準備して投稿する

1　画像を用意して投稿記事に挿入する

振動させたい画像を用意し、記事に画像を挿入して投稿します。ここでは画像のサイズを、「幅：450px、高さ：600px」にしていますが、任意のサイズで構いません。［ダッシュボード］画面で❶［投稿］-❷［新規追加］をクリックします。❸［ビジュアル］タブをクリックし、❹記事を作成して、❺画像を挿入したい箇所でクリックし、マウスカーソルを点滅させます。ここでは文頭をクリックして❻［メディアを追加］をクリックします。

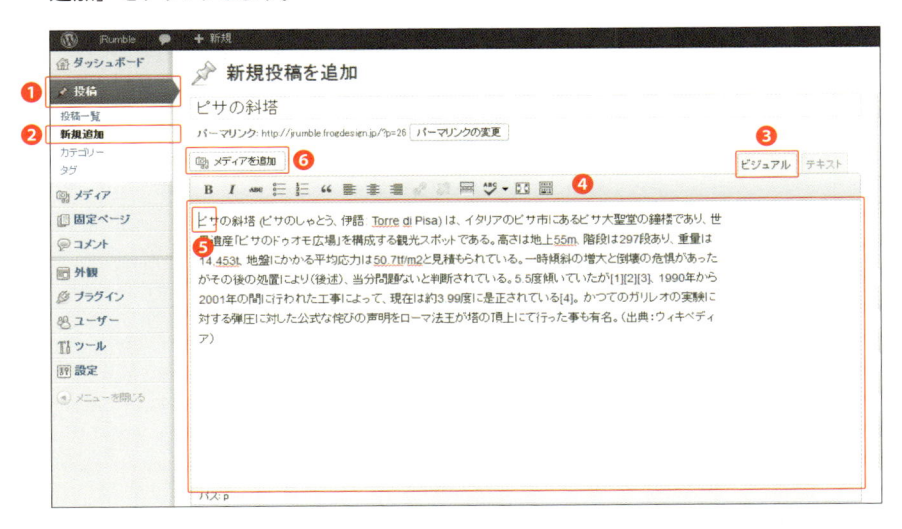

［メディアを挿入］画面の❻［ファイルをアップロード］タブに画像をドラッグ＆ドロップしてアップロードします。サムネイルが表示されたら❼画像を選択して、画面右下の❽［添付ファイルの表示設定］の［サイズ］で［フルサイズ］、❾［配置］の［左］を選択して❿［投稿に挿入］をクリックします。⓫［新規投稿を追加］画面に戻ると、記事の本文中に画像が挿入されたのが確認できます。

🅗 Hint 投稿エリアを広げる

STEP 2-1で投稿エリアに画像を挿入した際、画像が大きく記事が見えにくくなってしまうことがあります。そんな場合は、投稿エリアの右下のコーナーをドラッグして広げることで、投稿エリアを広げることができます。

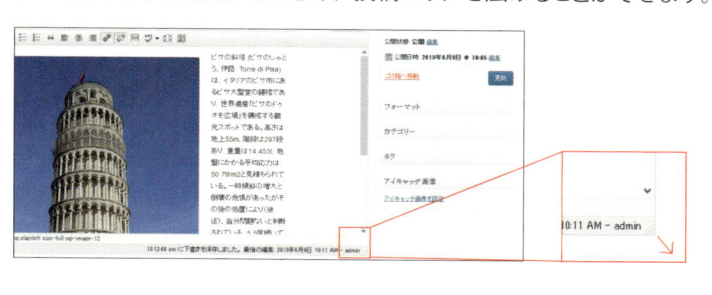

2 画像に class を付与する

記事に挿入した画像を振動させるために画像に「class」を付与します。❶画像をクリックして、❷［画像を編集］アイコンが表示されたらクリックします。❸表示された画面の［詳細設定］タブをクリックし、❹［CSS クラス］の末尾に半角スペースを入れて「rumble」と入力し、❺［更新］をクリックします。［新規投稿を追加］画面に戻ったら❻［公開］をクリックして記事を投稿します。このとき、STEP 3-1 で必要になる記事の投稿 ID を確認しておきます。❼［パーマリンク］にある「***?p=数字」の数字が投稿 ID になるので、これをコピーしておきます。投稿 ID は、記事ごとに違う数値が入ります。

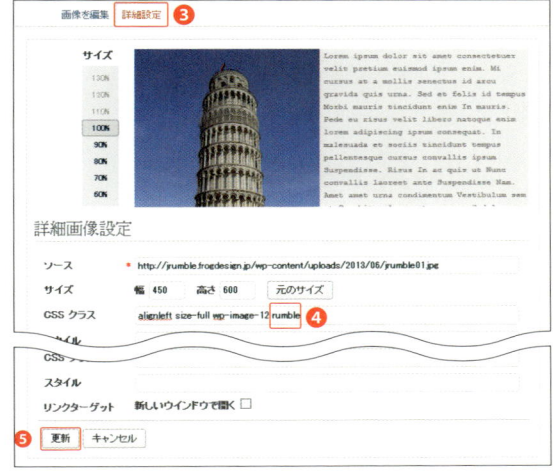

Hint ビジュアルエディターとテキストエディター

WordPress では、投稿する記事を書くときにビジュアルエディターとテキストエディターを選ぶことができます。ビジュアルエディターは、HTML の知識がなくても実際に投稿される記事に近いイメージを見ながら編集できます。テキストエディターの場合は、通常のテキストエディターの機能と同じなので、必要に応じて HTML を記述しないとテキストの文書にしかなりません。

STEP 3　WordPressのテーマを編集する

1 jQueryプラグインを読み込む記述を追加する

jQueryプラグインをWordPressが読み込めるようにテーマの［ヘッダー（header.php）］を編集します。対象画像が1枚なので、WordPressの is_single() タグで当該記事だけ出力されるようにします。［ダッシュボード］画面で❶［外観］-❷［テーマ編集］をクリックして❸［ヘッダー（header.php）］をクリックします。ソースコードが表示されたら、❹ `<?php wp_head(); ?>` の下に 04-A のようにjQueryを読み込む記述を追加します。STEP 2-2でコピーした数字（投稿ID）を入力して、❺［ファイルを更新］をクリックします。

04-A　header.php

```
<?php wp_head(); ?>
<?php if(is_single('投稿ID')){ ?>
<script type='text/javascript' src='http://ajax.googleapis.com/ajax/libs/jquery/1.9.1/jquery.min.js'></script>
<script type='text/javascript' src='http://code.jquery.com/jquery-migrate-1.2.1.min.js'></script>                         ……jQueryを読み込む
<script type="text/javascript" src="<?php echo esc_url( home_url( '/' ) ); ?>js/jquery.jrumble.1.3.min.js"></script>      ……jQueryを読み込む
<script type="text/javascript">
$(document).ready(function() {
    $('img.rumble').jrumble();
    $('img.rumble').hover(function(){
        $(this).trigger('startRumble');                    ……マウスポインターを重ねたときに震動させる
    }, function(){
        $(this).trigger('stopRumble');                     ……マウスポインターを離したときに止まる
```

| エフェクト

```
        });
    });
</script>
<?php }?>
```

前ページの上から2行目の「投稿ID」には、STEP 2-2でコピーした数字を入力する

☑ Check

jRumbleの振動が適用されるのは投稿記事のページです。ソースコードを入力して完成したら、Webサイトを表示し、投稿記事のタイトルをクリックして投稿記事ページを表示してみましょう。画像をクリックすると振動します。

👁 Hint 複数のページの画像に適用する

複数のページにjRumbleの効果を適用する場合は、STEP 3-1で記述した 04-A の1行目のソースコードを下記のように変更します。数字部分には、それぞれのページの投稿IDを入力します。

📄 04-B

1ページの場合
```
<?php if(is_single('数字')){ ?>
```
複数ページの場合
```
<?php if(is_single(array('数字1','数字2'))){ ?>
```

⦿ 完 成

記事内の画像にマウスポインターを重ねると画像が振動する

STEPUPカスタマイズ　画像の振動方法をカスタマイズする

1 オプションを設定する

jRumble には、画像の振動をカスタマイズできるオプションが用意されています。表のオプションを指定して設定します。指定の方法は 04-C のように赤字の部分を変更して記述します。記述する場所は、［ヘッダー（header.php）］の <script type="text/javascript"> の下になります。

オプションで設定できる効果

オプション名	効果
x	x 軸への揺れ具合 (px)
y	y 軸への揺れ具合 (px)
rotation	回転の調整 (角度)
speed	揺れの速度。小さい数字ほど速い
opacity	透明度（true または false。デフォルトは、false でなし）
opacityMin	最小の透明度

オプションの記述場所　　before

```
<script type="text/javascript">
$(document).ready(function() {
    $('img.rumble').jrumble();
                              ← ここにオプションを記述

});
</script>
```

04-C　オプションの記述　　after

```
<script type="text/javascript">
$(document).ready(function() {
  $('img.rumble').jrumble({
    x: 10,
    y: 10,         ← オプションを追加
    rotation: 4
  });
});
</script>
```

この設定は、デフォルト値よりも画像の縦横の動きが大きくなり、振動が激しくなる

2 ほかのオプションを試す

このほかのオプションの記述方法を紹介します。 04-D は、常に振動している状態のオプション設定です。 04-E は、画像をクリックしたときに振動するオプション設定です。好みによって使いわけてください。

04-D オプションの記述 [after]

```
<script type="text/javascript">
 $(document).ready(function() {
  $('img.rumble').jrumble();
  $('img.rumble').trigger('startRumble'); ……… オプションを追加
 });
</script>
```

この設定は、画像が常に振動している状態になる

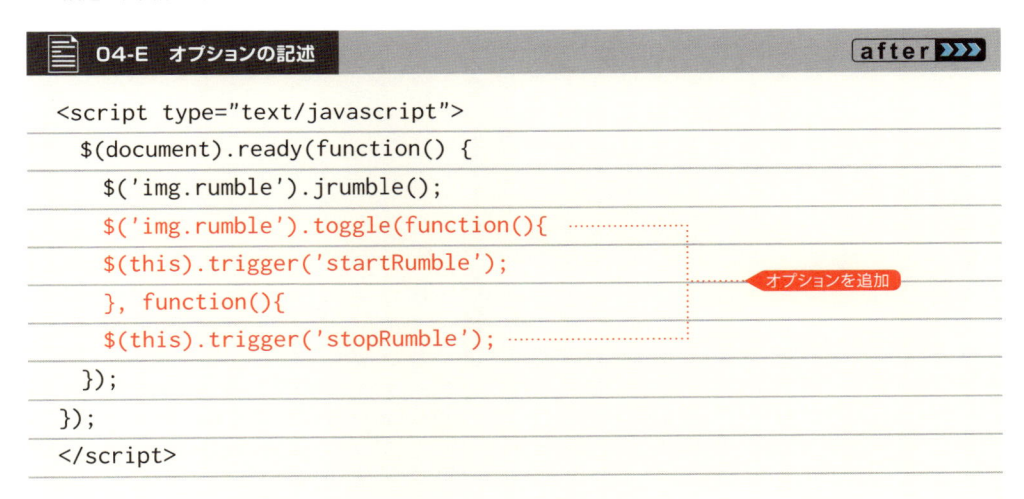

04-E オプションの記述 [after]

```
<script type="text/javascript">
 $(document).ready(function() {
  $('img.rumble').jrumble();
  $('img.rumble').toggle(function(){
   $(this).trigger('startRumble');
  }, function(){
   $(this).trigger('stopRumble');
  });
 });
</script>
```
オプションを追加

この設定は、画像をクリックすると振動し、再度クリックすると振動が止まる

エフェクト 05

画像にフィルター効果を与えて ノスタルジックな雰囲気を演出する

使用するjQuery vintageJS

EFFECT

青みが強くなり色の劣化は少なく抑えた例

中央が白みがかりヴィンテージ感が増した例

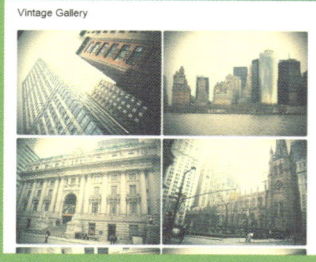

noiseを多めにしてみるとさらに古い感じを演出した例

Webサイト内の画像に色あせたようなフィルター効果を与え、ノスタルジックな雰囲気を演出することができます。画像ファイルを直接加工するわけではないので、Photoshopなどのツールが必要ありません。また、WordPress上で効果を外せば、もとの画像に戻るので、アップロードする画像は1枚だけで効果の切り替えができて便利です。

jQuery Profile

■ **対象ブラウザ**
IE9、Safari 5.03、Chrome 9以上、Firefox 3.1以上、Opera 11.01

NAME vintageJS

URL http://vintagejs.com/

DL http://www.impressjapan.jp/books/1112101139_4

フォルダ構成 ［3438_WPjQ］-［Effect］-［05vintageJS］

制作の流れ

STEP 1 jQueryプラグインをサーバーにアップロードする

STEP 2 効果をかけたい画像を投稿してclassを付与する

STEP 3 WordPressのテーマを編集する

STEP 4 固定ページに効果を付ける

STEPUP カスタマイズ 効果の強さを調整する

STEP 1　jQueryプラグインをサーバーにアップロードする

1 jQueryプラグインと画像をアップロードする

本書のダウンロードページからサンプルをダウンロードし、その中の「vintage.min.js」をサーバーの「js」フォルダに、「images」フォルダ内にある「clock.png」の画像を、サーバーの「images」フォルダにアップロードします。「CSS」ファイルは、次のSTEP 1-2で編集してからアップロードするので、ここではアップロードしないでください。

2 CSSファイルのディレクトリの記述を変更しアップロードする

vintageJSは、ダウンロードしたままの状態ではCSSファイルの置いてある場所がサーバーのディレクトリ構造と異なるため、そのまま「css」フォルダへアップロードしてしまうと画像を正しく読み込めません。そこで、「vintagejs.css」内に書かれている画像参照元フォルダのパスを 05-A の赤字部分のように変更します。変更したら保存して、サーバーの「css」フォルダにアップロードします。

05-A vintagejs.css

```
background-image: url('../images/clock.png');
```

STEP 2　効果をかけたい画像を投稿してclassを付与する

1 画像をアップロードする

効果をかける画像は、WordPressの機能を使用してアップロードします。［ダッシュボード］画面で❶［メディア］-❷［新規追加］をクリックします。［メディアのアップロード］画面で、❸画像をドラッグ＆ドロップするか、［ファイルを選択］からアップロードします。ここでは、作例画像フォルダにある「01.jpg」～「20.jpg」の画像20枚をドラッグ＆ドロップしてアップロードします。

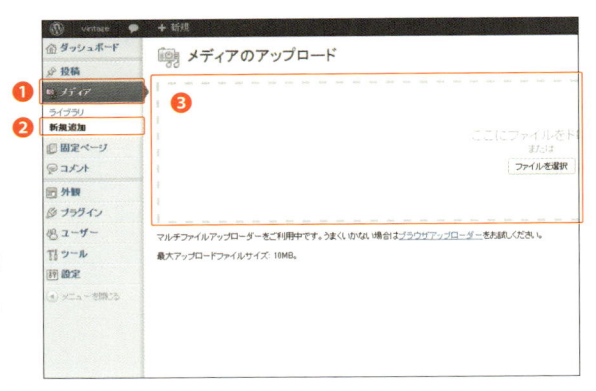

2 記事に画像を挿入する

投稿する記事の本文内に画像を挿入します。［ダッシュボード］画面で❶［投稿］-❷［新規追加］をクリックします。［新規投稿を追加］画面で、❸［メディアを追加］をクリックし、❹アップロードした画像を選択してチェックマークを付け、❺［投稿に挿入］をクリックすると画像が挿入されます。ここでは1枚だけ挿入します。

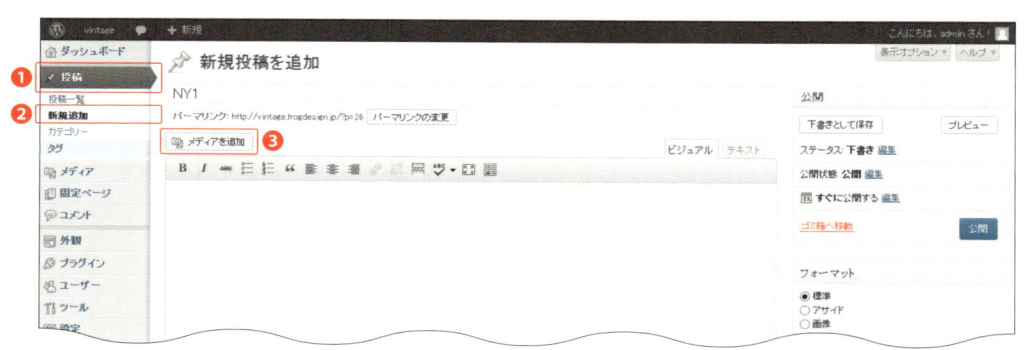

👁Hint classとは？

クラス（class）とは、特定のclass名が付けられた要素にスタイルを適用するセレクタです。これによって、効果をかけたい画像にはクラスを付ける、かけたくない画像には付けないという選択ができるようになります。

3 画像にclassを付与する

画像に対してvintageJSの効果が付くように「class」を付与します。❶投稿された画像をクリックして選択し、❷［画像を編集］アイコンが表示されたらクリックします。❸表示された画面の［詳細設定］タブをクリックし、❹［CSSクラス］の末尾に半角スペースを入れて「vintage」と入力します。少し大きめの画像を表示するため、画像のサイズを調整します。❺［幅：300、高さ：225］にして❻［更新］をクリックします。

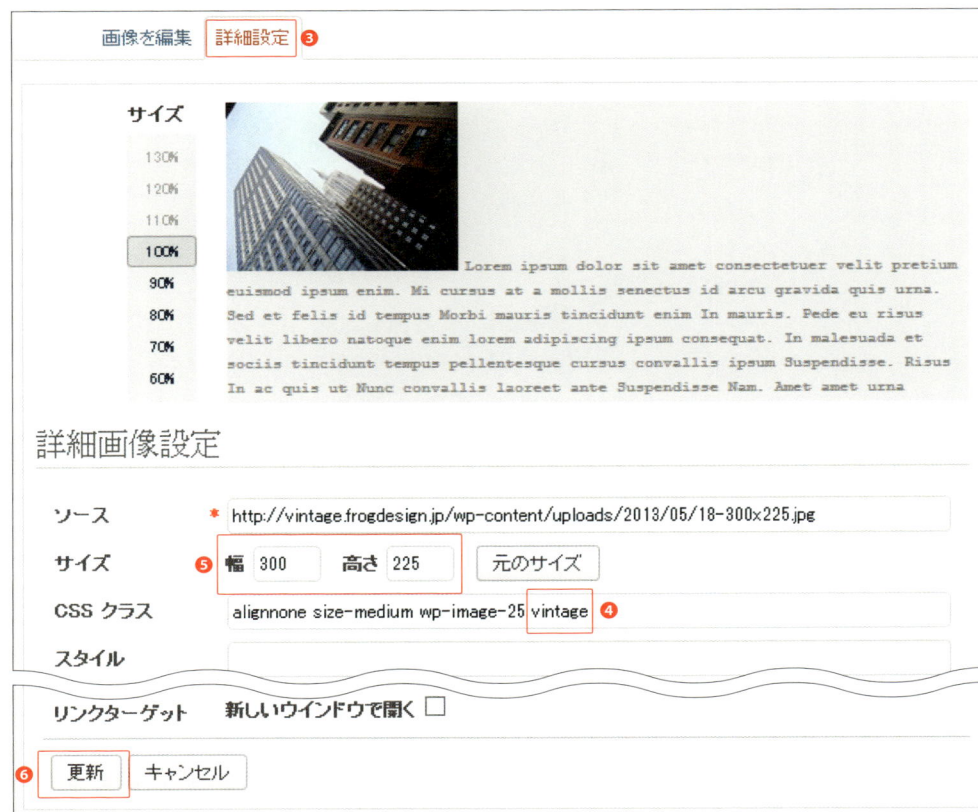

4 画像のリンク URLを削除し記事を公開する

vintageJS の効果が現れるのは、個別の記事ページです。トップページや記事のアーカイブページから、サムネイル画像をクリックすると、効果のかかっていない画像のみのページが表示されてしまうので、表示されないように URL を削除します。URL を削除するには、❶［画像を編集］タブをクリックし、❷［リンク URL］に記述されている URL を削除し、❸［更新］をクリックします。［投稿の編集］画面に戻ったら、❹記事のタイトルや本文などを入力し、❺［公開］をクリックします。このとき、記事の投稿 ID を確認しておきます。❻［パーマリンク］にある「***?p=数字」の数字が投稿 ID になるので、これをコピーしておきます。複数の記事に効果を付ける場合は STEP 2-2 から 2-4 の手順をくり返しましょう。

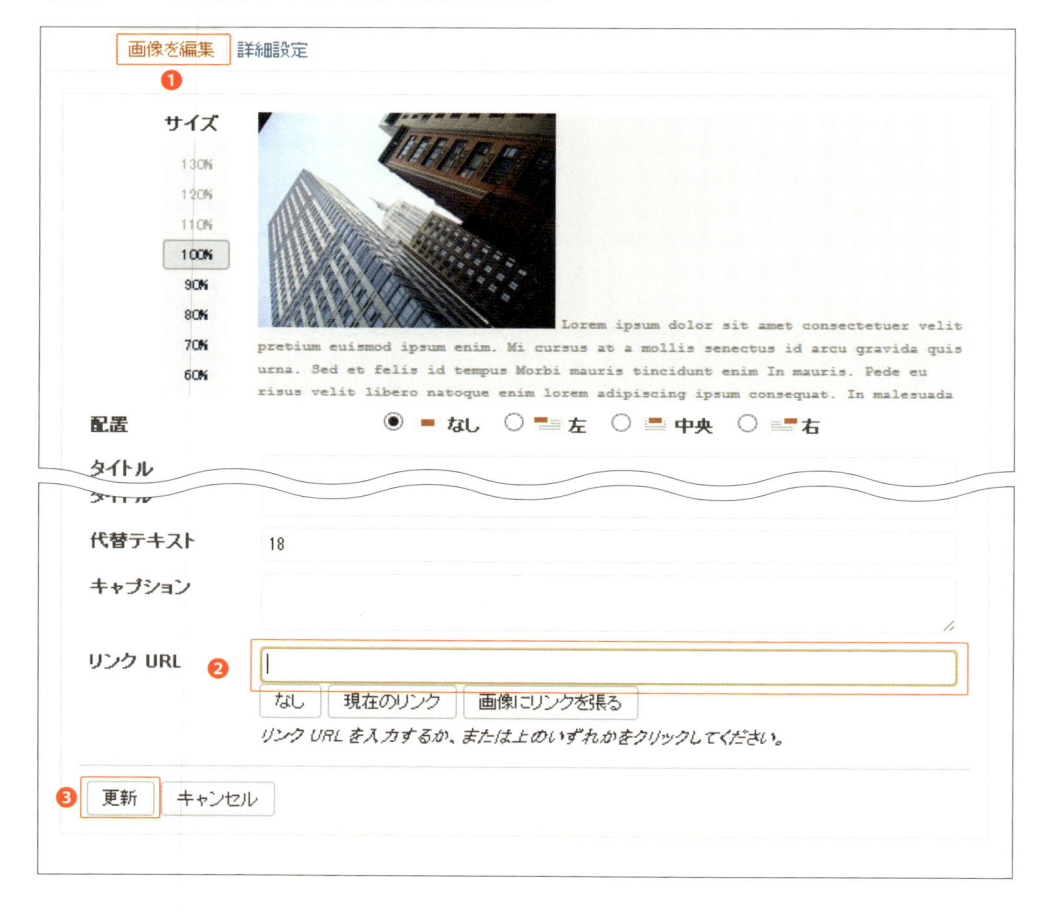

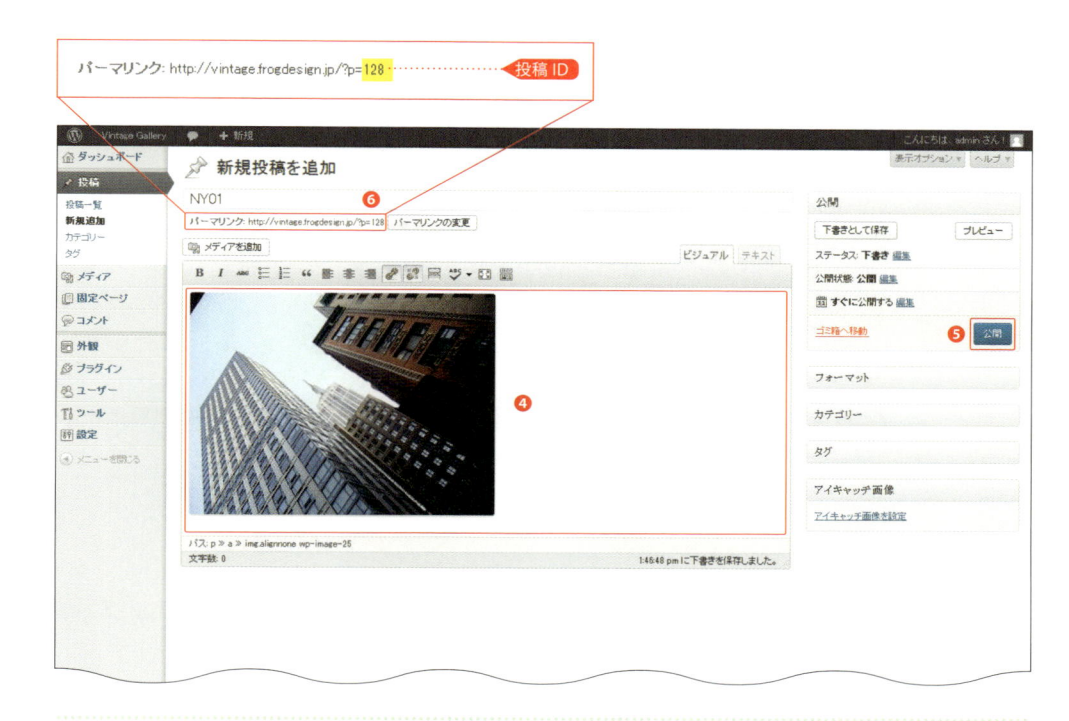

| エフェクト

05 画像にフィルター効果を与えてノスタルジックな雰囲気を演出する

👁 Hint 画像をアップロードするときにサイズを変更するには

WordPressでは、画像をアップロードした際に、Webサイトに表示する画像のサイズを自由に変更できます。複数の画像を挿入したり、1枚を大きく見せたりしたいときなど、表示する画像のサイズを変更して見やすくしましょう。ここでは画像を20枚挿入しているため、サイズを調整してきれいに配置できるように調整します。STEP 2-1 の［ダッシュボード］画面で［メディア］-［新規追加］をクリックし、画像をアップロードした際に❶の［サイズ］で指定します。すでに投稿してある画像は、［メディア］-［ライブラリ］をクリックして［画像名］をクリックします。❷［画像を編集］をクリックして❸［画像の拡大縮小］をクリックして画像のトリミングのサイズを入力し、❹［伸縮］をクリックすると、上書き保存されます。

065

STEP 3　WordPressのテーマを編集する

1　jQuery プラグインを読み込む記述を追加する

jQuery プラグインを WordPress が読み込めるようにテーマの［ヘッダー（header.php）］を編集します。［ダッシュボード］画面で❶［外観］-❷［テーマ編集］をクリックして❸［ヘッダー（header.php）］をクリックします。ソースコードが表示されたら、❹`<?php wp_head(); ?>` の下に 05-B のように記述を追加します。数字の部分には、STEP 2-4 でコピーした投稿 ID を記述します。❺［ファイルを更新］をクリックします。

05-B　header.php

```
<?php wp_head(); ?>                                              ……この下に記述する
<?php if(is_single('数字')){ ?>                                   ……投稿ページIDを入力
<link rel="stylesheet" type="text/css" href="<?php echo esc_url(
home_url( '/' ) ); ?>css/vintagejs.css" media="all" />
<script type='text/javascript' src='http://ajax.googleapis.com/
ajax/libs/jquery/1.9.1/jquery.min.js'></script>                   ……CDNから読み込む
<script type="text/javascript" src="<?php echo esc_url( home_url(
'/' ) ); ?>js/vintage.min.js"></script>                           ……jQueryを読み込む
<script type="text/javascript">
$(document).ready(function() {
  $('img.vintage').vintage();
});
</script>
<?php }?>
```

Hint 複数のページの画像に適用する

複数のページに vintageJS の効果を適用する場合は、STEP 3-1 で記述した `05-B` の 2 行目のソースコードを下記のように変更します。数字部分には、それぞれのページの投稿 ID を入力します。

05-B

1 ページの場合

```php
<?php if(is_single('数字')){ ?>
```

複数ページの場合

```php
<?php if(is_single(array('数字1','数字2'))){ ?>
```

指定した投稿 ID のページの画像に効果が適用された

エフェクト

05 画像にフィルター効果を与えてノスタルジックな雰囲気を演出する

STEP 4 固定ページに効果を付ける

1 固定ページに画像を追加する

ここまでは、個別の記事ページに効果を付けましたが、固定ページに適用すると、そのページのすべての画像に同じように効果を付けることができます。特定のページにある写真だけに効果を付けたいときに便利です。［ダッシュボード］画面で❶［固定ページ］-❷［新規追加］をクリックします。❸タイトルを入力して、❹［メディアを追加］をクリックします。

❺アップロードした画像を選択し、❻［固定ページに挿入］をクリックすると画像が追加されます。ここでは STEP 2-1 で登録した 20 枚の画像を追加しました。この際 Shift キーを押しながら画像をクリックすると複数の画像を一度に選択できます。❼［公開］をクリックし、メニュー上部の［（サイト名）］-［サイトを表示］をクリックすると Web サイトに新しい固定ページが追加されています。この時点ではまだ効果が適用されていません。

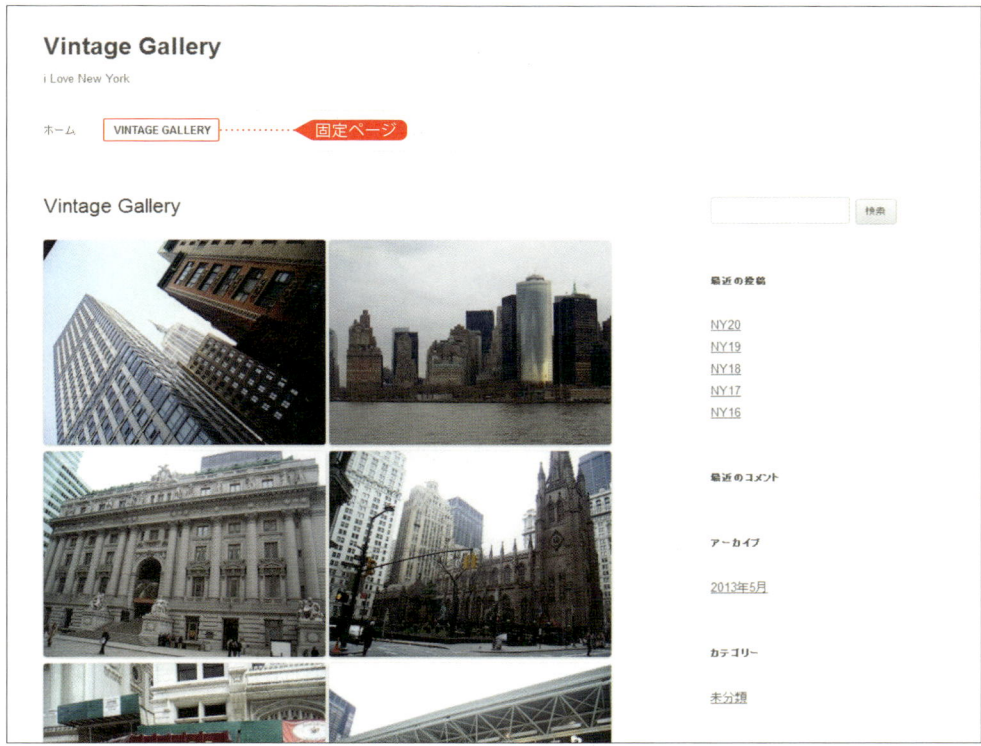

Hint 固定ページとは

WordPress では、通常の投稿する記事とは別に、「固定ページ」を作成することができます。通常の記事は、投稿すると時系列で掲載されますが、固定ページは、常に同じ場所に掲載されます。そのため、「問合せ先」「企業情報」「プロフィール」などのコンテンツページによく使用されています。

2 画像に class を付与する

画像に「class」を付与します。ここでは、STEP 2-3 と同じ作業を行います。❶画像をクリックして、❷［画像を編集］アイコンが表示されたらクリックします。表示された画面の❸［詳細設定］タブをクリックし、❹［CSS クラス］の末尾に半角スペースを入れて「vintage」と入力し、さらに❺［画像を編集］タブをクリックして、STEP 2-4 と同様にリンク先の URL を削除し、❻［更新］をクリックします。効果を付けるすべての画像に対して同様に設定をしたら、次に固定ページの ID を確認しておきます。❼パーマリンクにある「***?p=数字」の数字が固定ページ ID になるので、これをコピーしておきます。この数字は、固定ページごとにそれぞれ異なります。❽［更新］をクリックします。

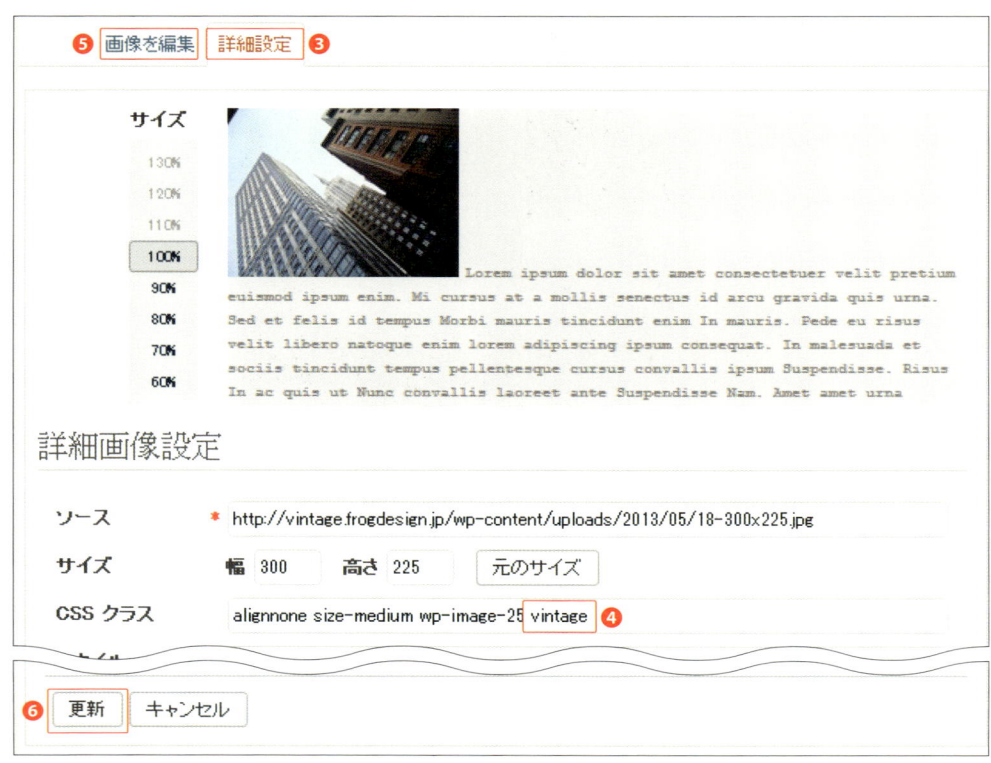

| エフェクト

05 画像にフィルター効果を与えてノスタルジックな雰囲気を演出する

パーマリンク: http://vintage.frogdesign.jp/?page_id=116 ········· 固定ページ ID

数字が固定ページ ID になる

071

3 jQueryプラグインを読み込む記述を追加する

テーマの［固定ページテンプレート（page.php）］を編集します。［ダッシュボード］画面で❶［外観］-❷［テーマ編集］をクリックし、❸［固定ページテンプレート（page.php）］をクリックします。ソースコードが表示されたら、❹<get_header(); ?>の下に 05-C の記述を追加して❺［ファイルを更新］をクリックします。「数字」の部分には、STEP 4-2でコピーした固定ページIDの数字を入力します。❺［ファイルを更新］をクリックします。

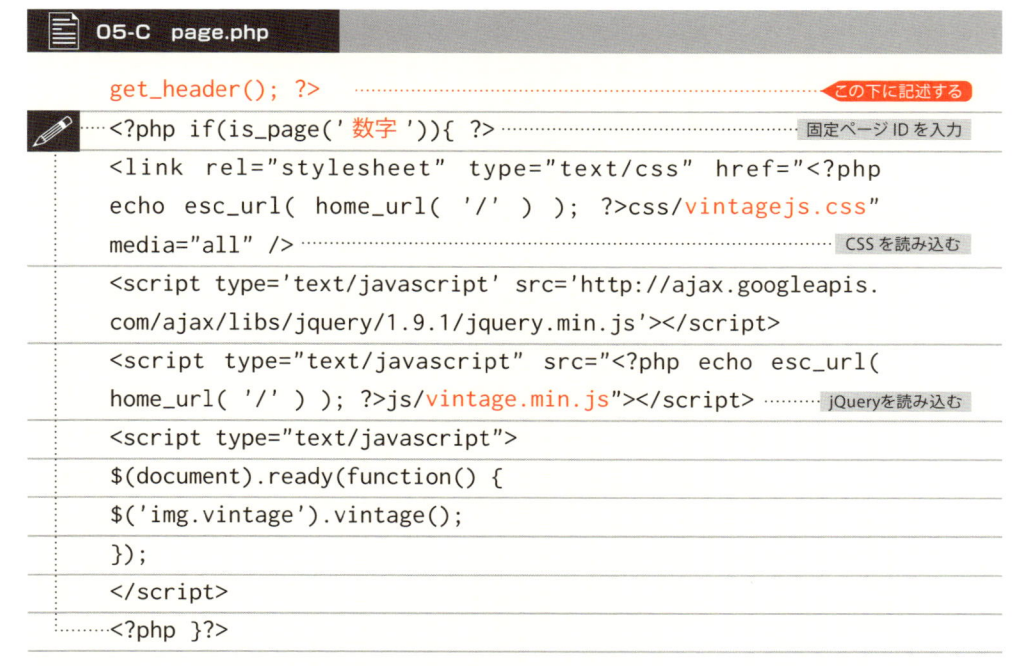

05-C page.php

```
get_header(); ?>                                          ……この下に記述する
<?php if(is_page('数字')){ ?>                              ……固定ページIDを入力
<link rel="stylesheet" type="text/css" href="<?php
echo esc_url( home_url( '/' ) ); ?>css/vintagejs.css"
media="all" />                                            ……CSSを読み込む
<script type='text/javascript' src='http://ajax.googleapis.
com/ajax/libs/jquery/1.9.1/jquery.min.js'></script>
<script type="text/javascript" src="<?php echo esc_url(
home_url( '/' ) ); ?>js/vintage.min.js"></script>         ……jQueryを読み込む
<script type="text/javascript">
$(document).ready(function() {
$('img.vintage').vintage();
});
</script>
<?php }?>
```

jQueryプラグインを読み込む記述を追加する

完成

ここをクリックして固定ページを表示させる

固定ページに投稿されたすべての画像にノスタルジックなイメージのエフェクトが適用された

エフェクト

05 画像にフィルター効果を与えてノスタルジックな雰囲気を演出する

STEPUP カスタマイズ　効果の強さを調整する

1 エフェクトオプションをカスタマイズする

vintageJS にはオプションが用意されており、効果の内容を自由にカスタマイズすることができます。オプションの種類には以下のものがあり、[ヘッダー（header.php）]または[固定ページテンプレート（page.php）]に追加したソースコード内の、`<script type="text/javascript">` の下の記述を 05-D 、05-E 、05-F のように書き替えます。

オプションで設定できる効果

オプション名	効果
noise	数字が多くなるほど粗くなる
screen	色と透明度の指定。色は RGB の数値で設定 **red: ***** **green: ***** **blue: ***** **strength:0.***** * は数値を入力
vignette	black の数値で周囲のシャドウ、white の数値で中央の明るさを調整。それぞれ 0.0 〜 0.1 の間で設定

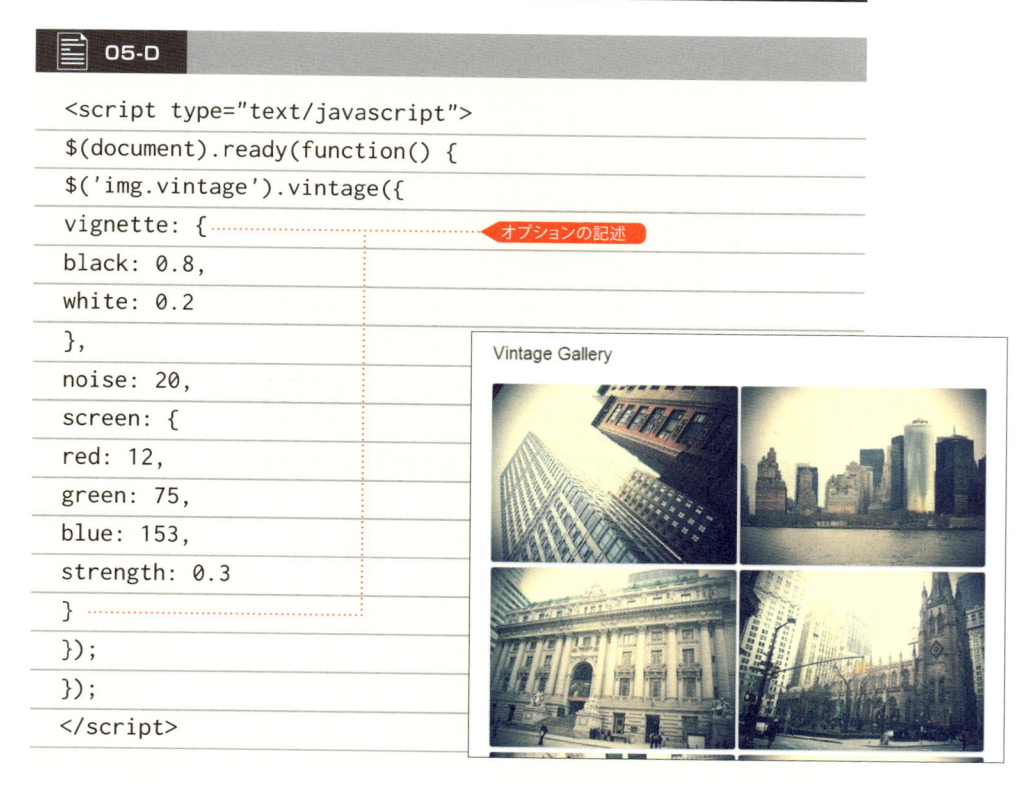

05-D

```
<script type="text/javascript">
$(document).ready(function() {
$('img.vintage').vintage({
vignette: {          ……… オプションの記述
black: 0.8,
white: 0.2
},
noise: 20,
screen: {
red: 12,
green: 75,
blue: 153,
strength: 0.3
}
});
});
</script>
```

Vintage Gallery

green、blue の数字を大きくして青みを強くし、よりノスタルジックな印象を強くしている

エフェクト

05-E

```html
<script type="text/javascript">
$(document).ready(function() {
 $('img.vintage').vintage({
         vignette: {
             black: 0.8,
             white: 0.2
         },
         noise: 20,
         screen: {
         red: 255,
         green: 75,
         blue: 155,
         strength: 0.3
         }
     });
 });
</script>
```

色を調整

red、green、blue の数字を変更すると画像の色味が変化する

05-F

```html
<script type="text/javascript">
$(document).ready(function() {
 $('img.vintage').vintage({
         vignette: {
             black: 0.8,
             white: 0.8
         },
         noise: 20,
         screen: {
         red: 255,
         green: 75,
         blue: 155,
         strength: 0.3
         }
     });
 });
</script>
```

white の値を調整

白の値が高いほど中央が白みがかりヴィンテージ感が増す

画像にフィルター効果を与えてノスタルジックな雰囲気を演出する

エフェクト 06 画像の説明文をアニメーション表示する

使用するjQuery jQuery Drop Captions

マウスポインターを画像に重ねるとバウンドするようなアクションで説明文が表示される

画像の下で説明文が止まりマウスポインターを画像の上から外すとゆっくり隠れる

記事内の画像にマウスポインターを重ねたときに表示される、画像の説明文のデザインや表示方法を変更します。おもしろい動きで画像の説明文が表示されるのでマウスを重ねてみたくなり、画像の内容などをより強く印象付けることができるでしょう。

jQuery Profile

対象ブラウザ
IE 11 以上、Safari 6.03 以上、Chrome 27 以上、Firefox 22 以上

NAME jQuery Drop Captions
URL http://www.catchmyfame.com/2009/10/23/jquery-drop-captions-plugin-released/
DL http://www.catchmyfame.com/2009/10/23/jquery-drop-captions-plugin-released/
http://www.impressjapan.jp/books/1112101139_4

フォルダ構成 ［3438_WPjQ］ - ［Effect］ - ［06jQuery Drop Captions］

制作の流れ

STEP 1 jQueryプラグインをサーバーにアップロードする

STEP 2 説明文を付ける画像を準備して記事を投稿する

STEP 3 WordPressのテーマを編集する

STEPUP カスタマイズ アニメーションの動きをカスタマイズする

STEP 1　jQuery プラグインをサーバーにアップロードする

1　jQuery プラグインと CSS ファイルをアップロードする

jQueryプラグイン作者のページ（http://www.catchmyfame.com/）からjQuery Drop Captionsをダウンロードします。「jQuery.dropcaptions.js」を「js」フォルダにアップロードします。さらに「dropcaptions.css」のファイルを「css」フォルダにアップロードします。この CSS は、本書のオリジナルファイルです。

> **Hint　文字の大きさは CSS で変更**
>
> 「dropcaptions.css」は、説明文の背景色や文字の大きさなど、見た目のデザインを指定しています。変更するときはこのファイルをテキストエディターで開き、06-Aを参考に数値を変更してください。

06-A　dropcaptions.css

```
.caption {
    background: #333;          ← 背景色
    font-size: 11px;           ← フォントサイズ
    padding: 4px;              ← 内側の余白
    color: #eee;               ← フォントの色
}
```

> ☑ **Check**
> ここでは背景の色やフォントのサイズ、色、余白など表示される説明文のデザインを設定しています。

06　画像の説明文をアニメーション表示する

STEP 2 説明文を付ける画像を準備して記事を投稿する

1 画像をアップロードする

説明文を付ける画像は、WordPressの機能を使用してアップロードします。ここでの画像は、「幅：500px、高さ：355px」のサイズで用意して、ファイル名を「photo01」～「photo04」にしています。［ダッシュボード］画面で❶［メディア］-❷［新規追加］をクリックします。［メディアのアップロード］画面で、❸画像をドラッグ＆ドロップするか、［ファイルを選択］からアップロードします。❹ここでは4枚の画像を同時に登録します。

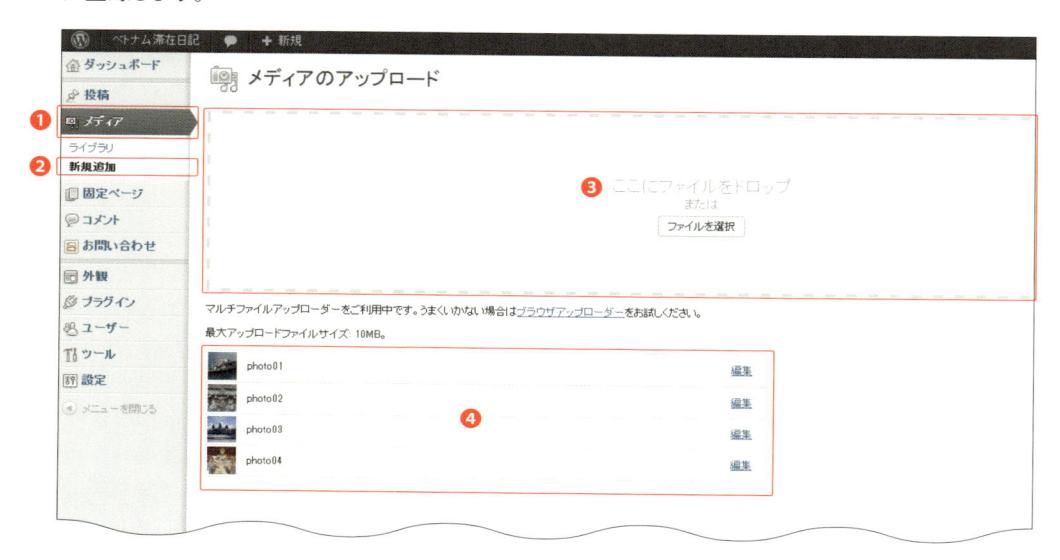

2 記事に画像を挿入する

記事の本文内に画像を挿入します。［ダッシュボード］画面で❶［投稿］-❷［新規追加］をクリックし、❸［ビジュアル］タブをクリックします。❹［メディアを追加］をクリックし、［メディアを挿入］画面で❺アップロードした画像をクリックして選択し、❻［投稿に挿入］をクリックすると画像が挿入されます。

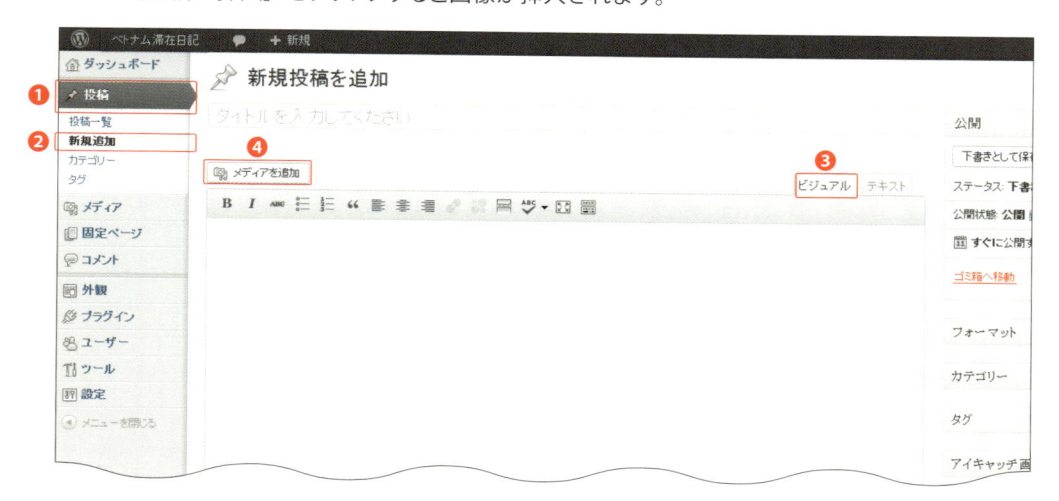

エフェクト

06 画像の説明文をアニメーション表示する

3 タイトルと本文を入力して画像に回り込む設定をする

［新規投稿を追加］画面に戻ってタイトルと長めの文章を入力し、記事を作成します。タイトルと文章を入力したら、画面の❶右下をドラッグしてウィンドウを広げて作業しやすくします。

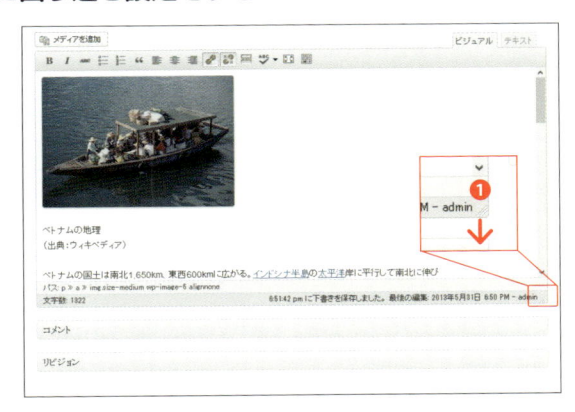

❷画像をクリックして、❸[画像を編集]アイコンが表示されたらクリックします。❹[画像を編集]タブの[配置]の設定で❺[右]をクリックして選択し、❻[更新]をクリックします。❼写真が右に配置され、文章が回り込みました。❽[公開]をクリックして記事を投稿します。同様に必要な枚数だけ画像を挿入して、バランス良く左右に配置します。

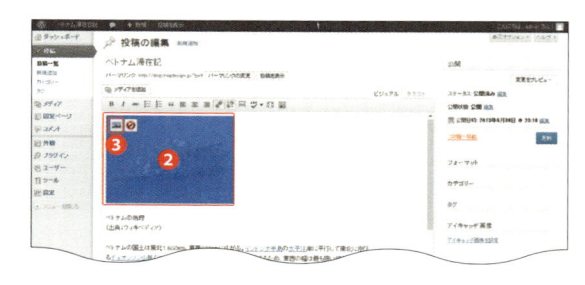

🔵Hint 文中に複数の画像を挿入するには

2枚目以降画像を挿入するには、挿入したい場所をクリックしてマウスカーソルを移動し、その状態で[メディアを追加]をクリックして画像を選択、挿入します。新しく挿入された画像は、画像の[配置]の設定がされてないので、STEP 2-3と同様に設定します。

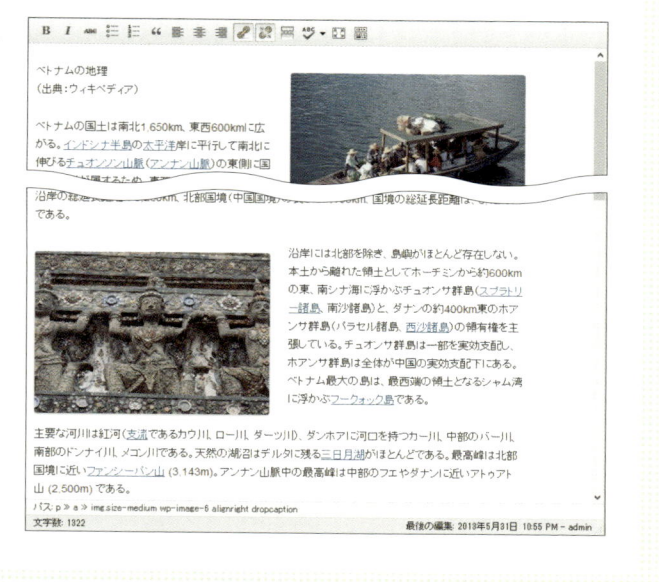

| エフェクト

06

画像の説明文をアニメーション表示する

4 画像の説明文を入力する

画像の説明文を入力します。❶画像をクリックして、❷［画像を編集］アイコンが表示されたらクリックします。❸［タイトル］に、画像にマウスポインターを重ねた際に表示される説明文を入力して❹［更新］をクリックします。これで画像の説明文が表示されるようになりました。

081

5 画像の説明文を編集する

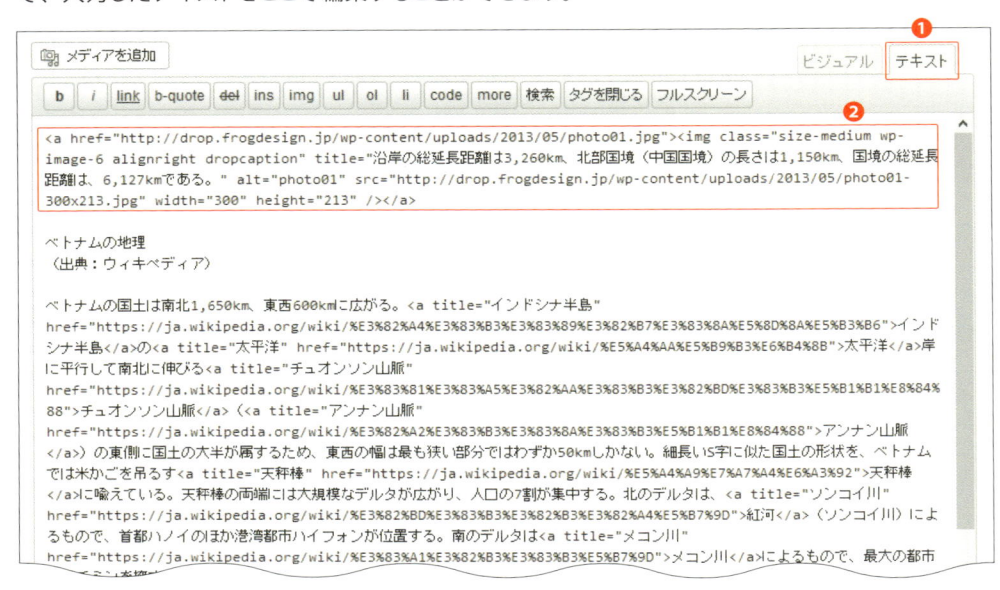

STEP 2-3 で入力した内容は、[投稿の編集]画面で[テキスト]タブに切り替えることで確認できます。ここで画像の説明文を編集することもできます。❶[テキスト]タブをクリックして❷画像部分の記述を見ると、 06-B のような記述があるので、入力したテキストをここで編集することができます。

06-B header.php

```
<a href="http://yoururl/wp-content/uploads/2013/05/photo01.jpg"><img class="size-medium wp-image-6 alignright" title=" 沿岸の総延長距離は3,260km、北部国境（中国国境）の長さは1,150km、国境の総延長距離は、6,127kmである。" alt="photo01" src="http://yoururl/wp-content/uploads/2013/05/photo01-300x213.jpg" width="300" height="213" /></a>
```

画像の説明文の部分を直接編集できる

| エフェクト

STEP 3 WordPress のテーマを編集する

1 jQuery プラグインを読み込む記述を追加する

jQuery プラグインを WordPress が読み込めるように、［ヘッダー（header.php）］を編集します。［ダッシュボード］画面で ❶［外観］- ❷［テーマ編集］をクリックして ❸［ヘッダー（header.php）］をクリックします。ソースコードが表示されたら、❹ `<?php wp_head(); ?>` の下に 06-C を記述して ❺［ファイルを更新］をクリックします。

06-C header.php

```
<?php wp_head(); ?>   ……この下に記述する

<script type="text/javascript" src="http://ajax.googleapis.com/
ajax/libs/jquery/1.9.1/jquery.min.js"></script>   ……CDNから読み込む

<script type="text/javascript" src="<?php echo esc_url( home_url(
'/' ) ); ?>js/jquery.dropcaptions.js"></script>   ……jQueryを読み込む

<link rel="stylesheet" type="text/css" href="<?php echo esc_url(
home_url( '/' ) ); ?>css/dropcaptions.css" media="all" />   ……CSSを読み込む

<script type="text/javascript">
$(document).ready(function() {
    $('img').dropCaptions();
});
</script>
```

06 画像の説明文をアニメーション表示する

画像にマウスポインターを重ねると、説明文がスライドして表示される

2 特定の画像にだけ効果が付けられるように記述を変更する

現在の状態では、すべての投稿記事の画像に効果が付くようになっています。この状態でも問題はありませんが、特定の画像にだけ適用したいような場合は次のように設定します。[ヘッダー（header.php）]に記述した 06-C のソースコードに 06-D のように赤字部分の行の記述を書き替えます。

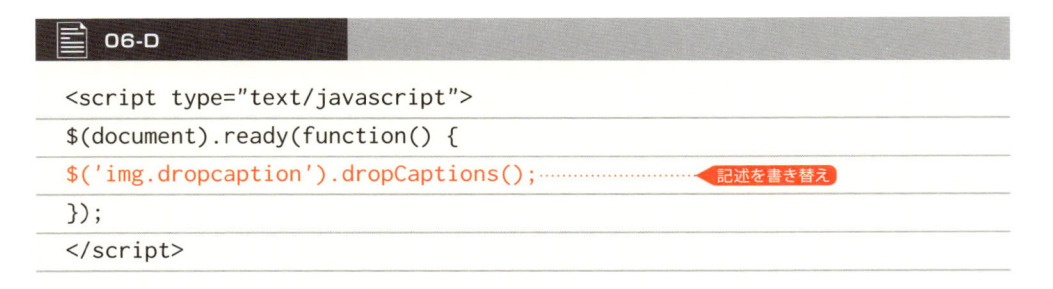

📄 06-D

```
<script type="text/javascript">
$(document).ready(function() {
$('img.dropcaption').dropCaptions();   ←記述を書き替え
});
</script>
```

赤字部分の行を書き替える

3 説明文を表示させる画像だけにclassを付与する

特定の画像だけに説明文を表示させるために、画像に「class」を付与します。❶［投稿の編集］画面で、説明文を表示させる画像をクリックし、❷［画像を編集］アイコンが表示されたらクリックします。❸［詳細設定］タブをクリックし、❹［CSSクラス］の末尾に半角スペースを入れて「dropcaption」と入力して❺［更新］をクリックします。［投稿の編集］画面に戻って❻［更新］をクリックします。

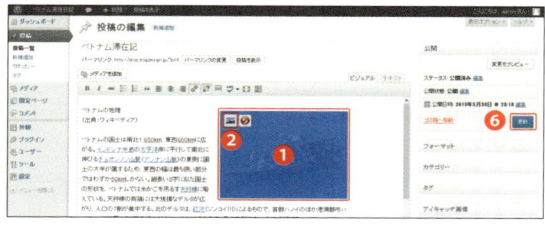

◎ 完 成

classを付与した画像にだけ画像の説明文が表示されるようになった

STEPUP カスタマイズ　アニメーションの動きをカスタマイズする

説明文が表示される際のアニメーションにこだわりたいなら、表示速度や動きを個別に設定してカスタマイズしましょう。Easing プラグイン（http://gsgd.co.uk/sandbox/jquery/easing/）を利用することでより簡単にカスタマイズすることができます。［ダッシュボード］画面で❶［外観］-❷［テーマ編集］をクリックして❸［ヘッダー（header.php）］をクリックします。ソースコードが表示されたら、❹ `<?php wp_head(); ?>` の下に 06-E のように記述を追加します。

06-E　header.php

```php
<?php wp_head(); ?>
<link rel="stylesheet" type="text/css" href="<?php echo esc_url( home_url( '/' ) ); ?>css/dropcaptions.css" media="all" />
<script type="text/javascript" src="http://ajax.googleapis.com/ajax/libs/jquery/1.9.1/jquery.min.js"></script>
<script type="text/javascript" src="<?php echo esc_url( home_url( '/' ) ); ?>js/jquery.dropcaptions.js"></script>
<script type="text/javascript" src="http://cdnjs.cloudflare.com/ajax/libs/jquery-easing/1.3/jquery.easing.min.js"></script> ……… CDNから読み込む
<script type="text/javascript">
$(document).ready(function() {
    $('img').dropCaptions({
        showSpeed: 2000,
        hideSpeed: 1000,
        showOpacity: 1,
        hideOpacity: 0,
        hideDelay: 2000,
        showEasing: 'easeOutElastic',
        hideEasing: 'easeInQuint'
    });
});
</script>
```
オプションを追加

オプションで設定できる効果

オプション名	効果
showSpeed	マウスオーバーしてから説明文が表示されるまでの時間（ミリ秒）標準は 500
hideSpeed	マウスアウトしてから説明文が非表示になるまでの時間（ミリ秒）標準は 500
showOpacity	説明文の透過度。標準は 0.85
hideOpacity	説明文が消える際の透明度。標準は 0
hideDelay	非表示になるアニメーションが始まるまでの時間。標準は 500
showEasing	'easeOutElastic' 表示の効果。上下にバウンドする動作
hideEasing	'easeInQuint' 非表示の効果。ゆっくり、次第に早く動作する

☑ Check
アニメーションの動きを指定するオプションは、http://easings.net/ja などで確認できます。

完成

画像の説明文がバウンドするように素早く表示され、ゆっくりと消えていく

エフェクト 07 トイカメラ風の写真に画像を加工する

使用するjQuery ▶ tiltShift.js

広い道路と小さな人物の対比で効果を狙う

大きな建造物があると効果がより明確になる

なにげない街並みもノスタルジックな印象に変わる

Webサイト内の画像を、ピントがぼけたようなトイカメラ風に加工して表示することができます。遠景写真と相性が良く、風景写真の多いページでもかわいくおしゃれな印象に見せることができます。Photoshopなどで画像を加工する必要がなく、思い立ったときにすぐに効果を付けることができます。ただし、対応するブラウザの種類が少ないので、Webサイト閲覧者の環境によっては効果が現れないこともあります。

jQuery Profile

■ 対象ブラウザ
Chrome4 以上、Safari 6

NAME **tiltShift.js**

URL http://www.noeltock.com/tilt-shift-css3-jquery-plugin/

DL http://www.impressjapan.jp/books/1112101139_4

フォルダ構成 ［3438_WPjQ］-［Effect］-［07tiltShift.js］

制作の流れ

STEP 1 jQueryプラグインをサーバーにアップロードする

STEP 2 効果をかけたい画像を投稿してclassを付与する

STEP 3 WordPressのテーマを編集する

STEP 4 tiltShiftの効果を設定する

STEP 1 jQuery プラグインをサーバーにアップロードする

1 jQuery プラグインと CSS ファイルをアップロードする

本書のダウンロードページからサンプルをダウンロードし、その中の「jquery.tiltShift.js」ファイルをサーバーの「js」フォルダにアップロードします。さらに、「jquery.tiltShift.css」ファイルをサーバーの「css」フォルダにアップロードします。

STEP 2 効果をかけたい画像を投稿して class を付与する

1 画像をアップロードする

効果をかける画像は、WordPress の機能を使用してアップロードします。[ダッシュボード]画面で❶[メディア]-❷[新規追加]をクリックします。[メディアのアップロード]画面で、❸画像をドラッグ＆ドロップするか、❹[ファイルを選択]からアップロードします。ここでは「幅：400px、高さ：300px」の画像を使い、使用する4枚の画像をすべて登録しています。

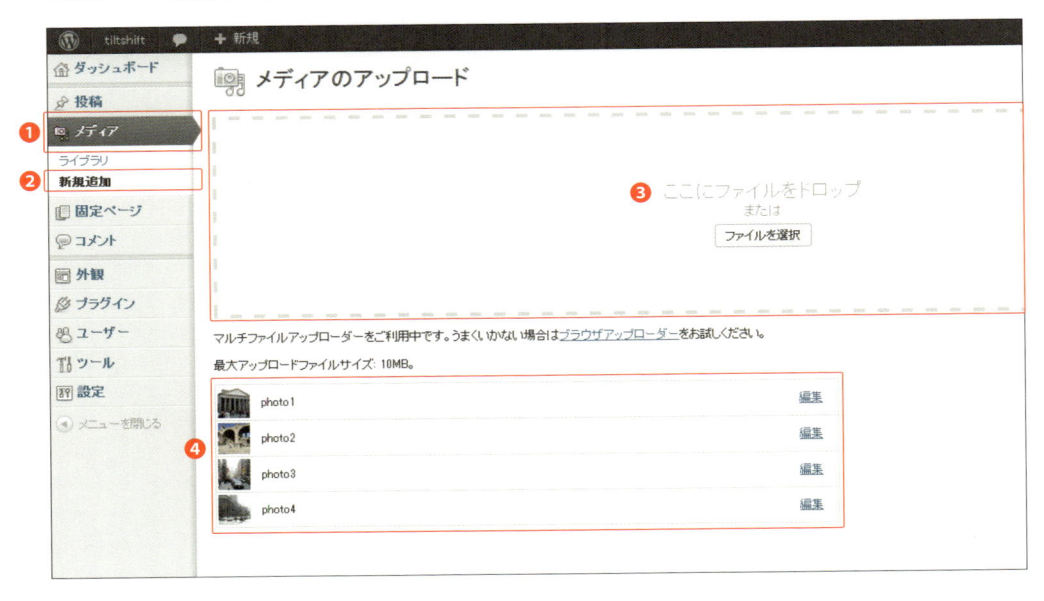

2 記事に画像を挿入する

投稿する記事の本文内に画像を挿入します。[ダッシュボード]画面で❶[投稿]-
❷[新規追加]をクリックして投稿画面を表示します。次に❸[メディアを追加]-
❹[メディアライブラリ]から❺アップロードした画像を選択してチェックマークを
付け、[サイズ]で❻[フルサイズ]を選択し、❼[投稿に挿入]をクリックすると
❽画像が挿入されます。ここでは4枚の写真を挿入します。記事のタイトルや本
文なども入力し、❾[公開]をクリックして画像を挿入した記事を投稿します。

| エフェクト

07 トイカメラ風の写真に画像を加工する

☑ Check

複数の画像を挿入するには、画像をアップロードしてサムネイルが表示されたら、投稿画面に挿入したい複数の画像を Shift キーを押しながら選択して、[投稿に挿入]をクリックします。

📷 Hint ライブラリに登録した画像のサイズを変更するには

画像のサイズを変更したい場合は WordPress 上でサイズ変更をすることができます。[ダッシュボード]画面で❶[メディア]-❷[ライブラリ]をクリックして、サイズを変更したい画像の❸[画像名]をクリックします。[メディアを編集]画面で❹[画像を編集]をクリックします。❺[画像の拡大縮小]をクリックして画像のトリミングのサイズを入力し、[伸縮]をクリックすると、上書き保存されます。

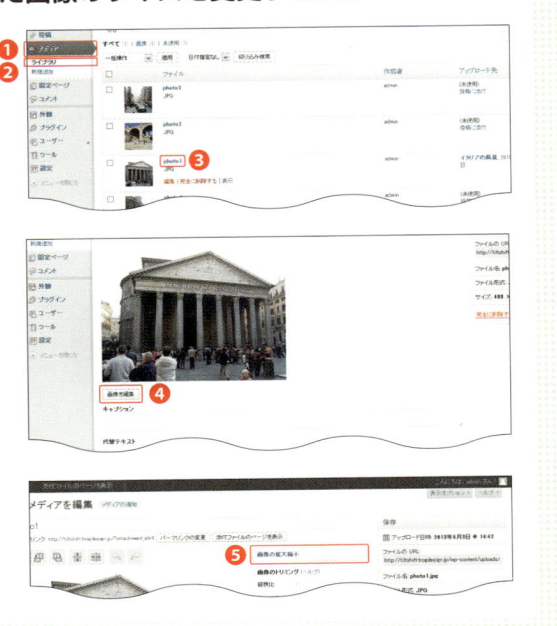

3 画像に class を付与する

画像に対して tiltShift の効果が付くように「class」を付与します。❶［投稿］-❷
［投稿一覧］で、❸画像を挿入した記事のタイトルをクリックします。［投稿の編集］
画面が表示されたら、❹画像をクリックして、❺［画像を編集］アイコンが表示さ
れたらクリックします。❻表示された画面の［詳細設定］タブをクリックし、❼［CSS
クラス］の末尾に半角スペースを入れて「tilt」と入力して❽［更新］をクリックします。
［投稿の編集］画面に戻ったら、❾［パーマリンク］にある「***?p= 数字」の数
字が STEP 3-1 で必要になる投稿 ID になるので、これをコピーしておきます。❿［更
新］をクリックします。

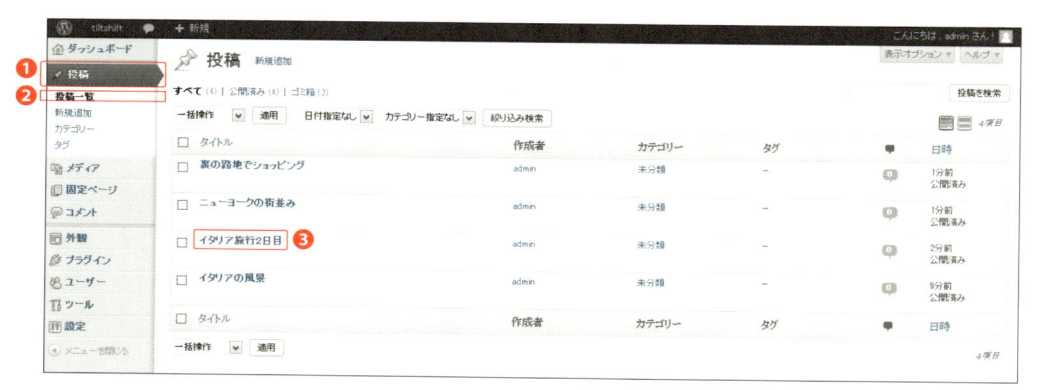

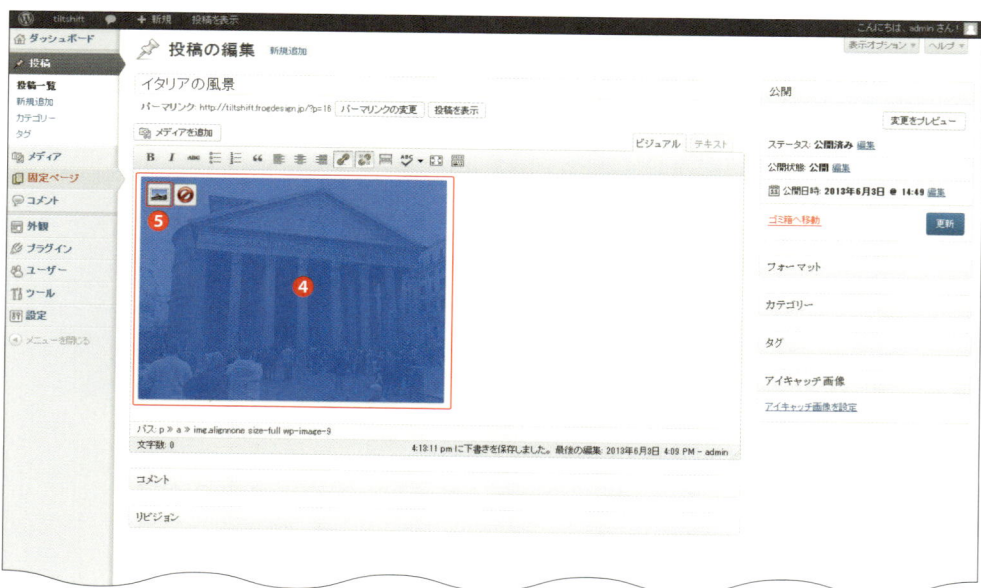

> **Hint 複数の画像に適用する場合**
>
> 同じ投稿ページに複数の画像を登録し、それぞれに「tilt」の class を付
> 与すれば同じように効果を適用することができます。複数のページに適用
> したい場合は、STEP 3 の Hint を参照してください。

エフェクト

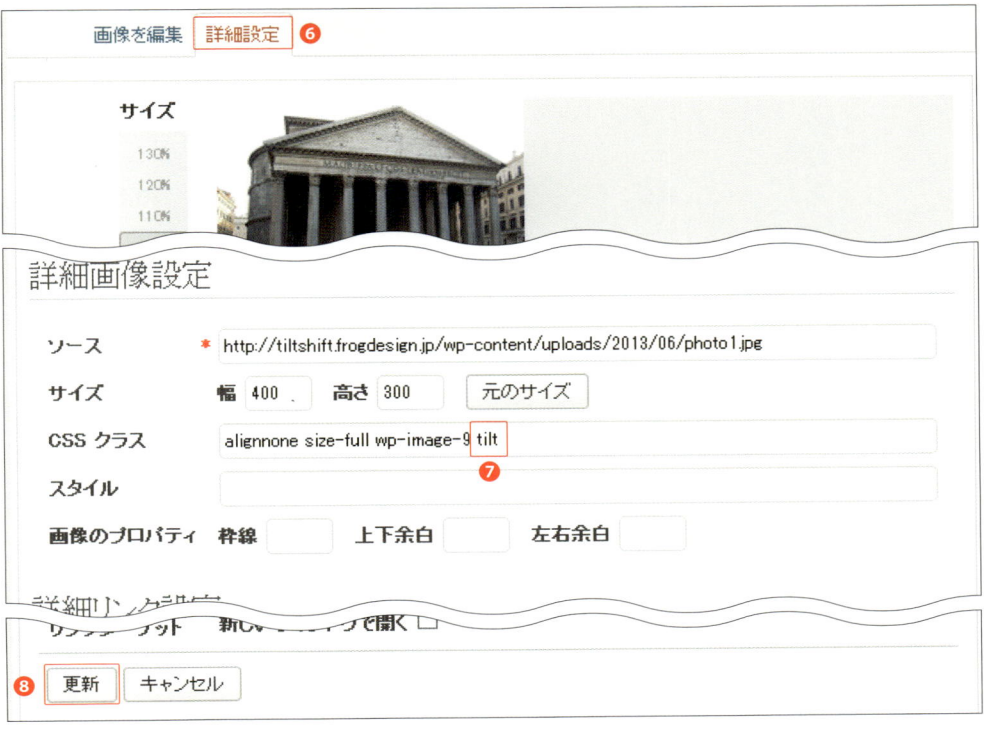

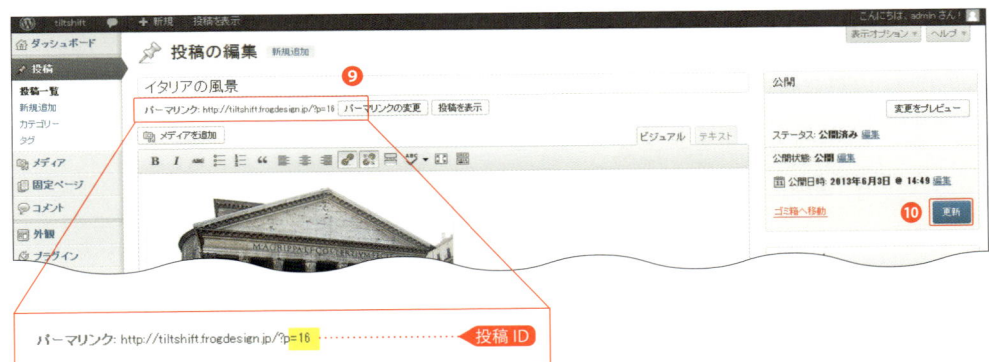

Hint クラス（class）とは？

クラス（class）とは、特定の class 名が付けられた要素にスタイルを適用するセレクタです。ドキュメント内で1つしか指定できない id とは異なり、複数指定することができます。文書内の複数箇所や異なる要素に対して同じスタイルを適用することができます。tiltShift では、画像にclass を付与することで tiltShift の効果を適用しています。

STEP 3　WordPressのテーマを編集する

1　jQueryプラグインを読み込む記述を追加する

jQueryプラグインをWordPressが読み込めるようにテーマの［ヘッダー（header.php）］を編集します。［ダッシュボード］画面で❶［外観］-❷［テーマ編集］をクリックして❸［ヘッダー（header.php）］をクリックします。ソースコードが表示されたら、❹ `<?php wp_head(); ?>` の下に **07-A** のようにjQueryを読み込む記述を追加します。投稿IDの部分には、STEP 2-3で確認した投稿IDが入ります。❺［ファイルを更新］をクリックします。

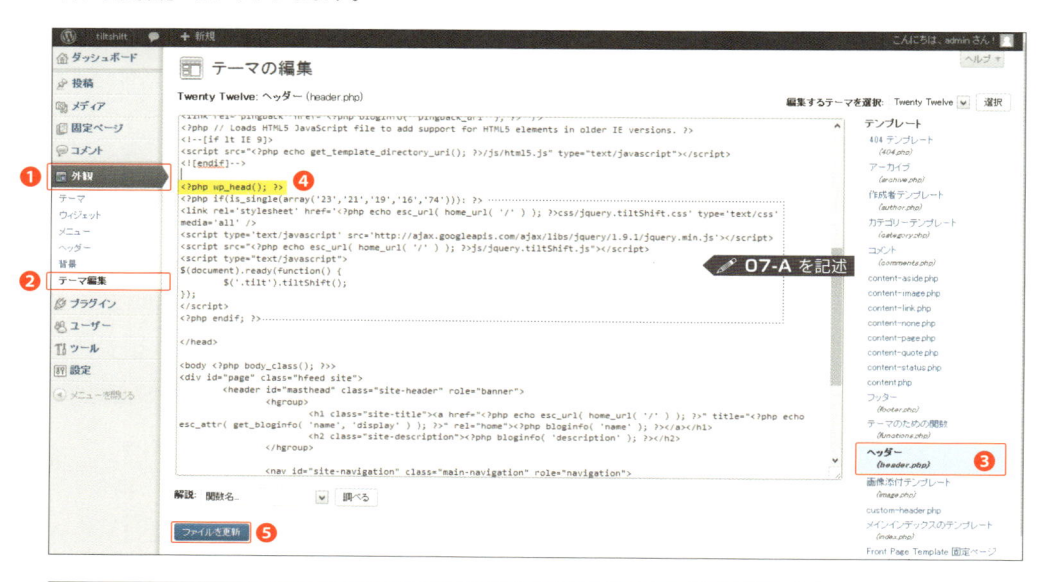

07-A　header.php

```
<?php wp_head(); ?>                                        ……この下に記述する
<?php if(is_single('投稿ID')): ?>                           ……投稿IDを入力
<link rel='stylesheet' href='<?php echo esc_url( home_url( '/' ) ); ?>css/jquery.tiltShift.css' type='text/css' media='all' />                                      ……CSSを読み込む
<script type='text/javascript' src='http://ajax.googleapis.com/ajax/libs/jquery/1.9.1/jquery.min.js'></script>
<script src="<?php echo esc_url( home_url( '/' ) ); ?>js/jquery.tiltShift.js"></script>
<script type="text/javascript">
  $(document).ready(function() {
    $('.tilt').tiltShift();
  });
</script>
<?php endif; ?>
```

「投稿ID」にはSTEP 2-3で確認した数字を入力する

| エフェクト

07

トイカメラ風の写真に画像を加工する

👁 Hint 複数のページの画像に適用する

複数のページにtiltShift効果を適用する場合は、STEP 3-1で記述したソースコードを下記のように変更します。数字部分には、それぞれのページの投稿IDを入力します。これで各ページを開くと効果が適用できています。

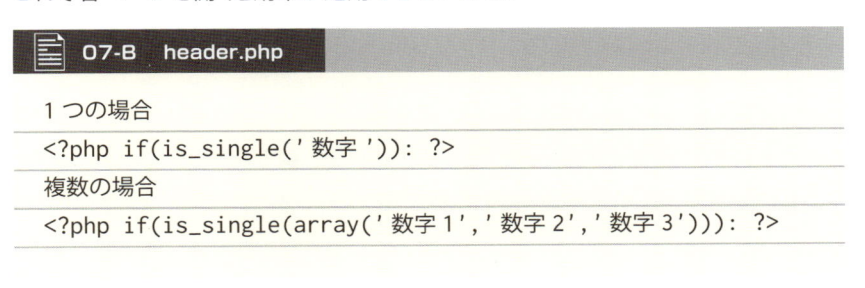

07-B　header.php

1つの場合
```
<?php if(is_single('数字')): ?>
```

複数の場合
```
<?php if(is_single(array('数字1','数字2','数字3'))): ?>
```

STEP 4　tiltshiftの効果を設定する

1 効果を設定する

画像に適用するぼかしやフォーカス位置などの効果の強さを設定をします。［ダッシュボード］画面で❶［投稿］-❷［投稿一覧］をクリックし、画像を掲載している記事の❸［編集］をクリックします。❹［テキスト］タブをクリックすると画像ファイル部分の記述が次ページの 07-C のようになっています。それを 07-D のように「img」タグ部分に記述を追加し、❺［更新］をクリックします。

095

07-C

```
<a href="http://yoururl/wp-content/uploads/ 年 / 月 / 画像ファイル名
.jpg"><img class="tilt" alt=" 画像の alt" src="http :// yoururl /
wp-content/uploads/ 年 / 月 / 画像ファイル名 .jpg" width="300" height
="225" /></a>
```

変更前の画像部分のソースの記述

07-D

```
<a href="http://yoururl/wp-content/uploads/ 年 / 月 / 画像ファイル
名 "><img class="tilt" alt=" 画像の alt" src= "http:// yoururl
/wp-content/uploads/ 年 / 月 / 画 像 ファイル 名 " width="300"
height="225" data-position="50" data-blur="2" data-
focus="10" data-falloff="30" data-direction="y" /></a>
```

変更後の画像部分のソースの記述。赤字部分を入力する

> **👁Hint オプション記述例**
>
> 07-E のようにオプションの数値を入力して指定することで、tiltShift の効果を適用することができます。数値を替えて試してみましょう。入力は、下記のように ダブルクォーテーションで囲みます。
>
> ### 07-E
>
> ```
> data-position="50" data-blur="2" data-focus="10"
> data-falloff="30" data-direction="y"
> ```

オプションで設定できる効果

オプション名	効果
data-blur	ぼかしの設定。1 か 2 くらいが適度なぼかしとなる。数値に制限はない
data-direction	ぼかしの方向の設定。ぼかしの方向で、「x」「y」のほか、「0-360」で設定も可能
data-falloff	フォーカスする部分とぼかす部分との間の設定 (0-100)。数値が小さいほどぼかしの範囲が大きくなる
data-focus	フォーカス領域 (0-100) の設定。10 と設定するとシャープな部分が、10%あると指定できる
data-position	フォーカスする部分の設定 (0-100)。66 という値がちょうど効果かかる画面の 2/3 の位置となる

| エフェクト

07 トイカメラ風の写真に画像を加工する

◉ 完 成

元の画像

イタリアの風景

画像の上下に tiltShift の効果がかかった。
手前の人物がぼけて遠近感がでた

元の画像

イタリア旅行2日目

大きな建造物と人物の対比で tiltShift が効果的に適用
されている。人物がミニチュアのようになった

エフェクト 08
テキストの表示切り替えに おもしろい動きを付ける

使用するjQuery Textualizer

テキストをフェードやスライドなどさまざまなアニメーションで切り替えられます。テキストをアニメーションで印象的に切り替えていくことで注目を集められるので、読んでもらいやすくなるでしょう。ただし、多用しすぎると読みにくくなってしまうので、部分的に適用するなどしてバランス良く取り入れましょう。

文字数やテキストを表示する領域を設定して効果を適用できる

指定したテキストや、投稿記事の内容にアニメーションを適用できる

jQuery Profile

■ 対象ブラウザ
IE 6以上、Safari 4以上、Chrome 27、Firefox 3.5以上、Opera 10.6以上、Mobile Safari（iOS4+）

NAME Textualizer
URL http://kiro.me/projects/textualizer.html
DL http://kiro.me/projects/textualizer.html
　　　http://www.impressjapan.jp/books/1112101139_4

フォルダ構成 ［3438_WPjQ］ -［Effect］-［08Textualizer］

制作の流れ

STEP 1 jQuery プラグインをサーバーにアップロードする

STEP 2 WordPress のテーマを編集する

STEP 3 テキストの切り替え方法を変更する

STEPUP カスタマイズ 投稿した記事と連動させて表示する

STEP 1　jQuery プラグインをサーバーにアップロードする

1　jQuery プラグインをアップロードする

jQuery プラグイン作者のページ（http://kiro.me/projects/textualizer.html）から Textualizer をダウンロードし、「textualizer.min.js」ファイルをサーバーの「js」フォルダにアップロードします。

STEP 2　WordPress のテーマを編集する

1　jQuery プラグインを読み込む記述を追加する

jQuery プラグインを WordPress が読み込めるようにテーマの［ヘッダー（header.php）］を編集します。［ダッシュボード］画面で❶［外観］- ❷［テーマ編集］をクリックして❸［ヘッダー（header.php）］をクリックします。ソースコードが表示されたら、❹ `<?php wp_head(); ?>` の下に次ページの 08-A のように記述を追加して❺［ファイルを更新］をクリックします。

08-A　header.php

```
<?php wp_head(); ?>                                           ← この下に記述する
<script type='text/javascript' src='http://ajax.googleapis.
com/ajax/libs/jquery/1.9.1/jquery.min.js'></script>
<script type="text/javascript" src="<?php echo esc_url(
home_url( '/' ) ); ?>js/textualizer.min.js"></script>         … jQueryを読み込む
<script type="text/javascript">
  $(document).ready(function() {
    var txt = $('#txtlzr');
    txt.textualizer();
    txt.textualizer('start');
  });
</script>
```

2　エフェクトを適用するテキストを準備する

エフェクトを適用するテキストは、[メインインデックスのテンプレート（index.php）]に直接記述します。事前にテキストエディターなどを使って準備しておくといいでしょう。[ダッシュボード]画面で❶［外観］-❷［テーマ編集］をクリックして❸［メインインデックスのテンプレート（index.php）］をクリックします。ソースコードが表示されたら、❹ `<div id="primary" class="site-content">` の下に 08-B を記述して❺［ファイルを更新］をクリックします。`<p></p>` タグで囲まれた部分の文字列にアニメーションの効果が適用されます。

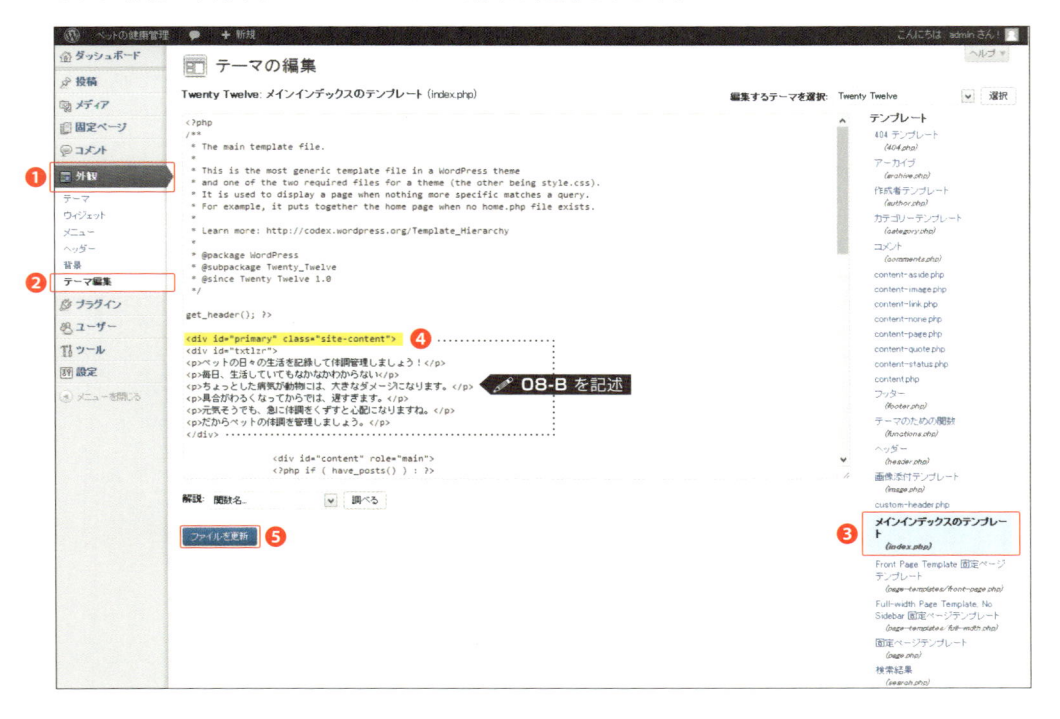

エフェクト

08-B　index.php

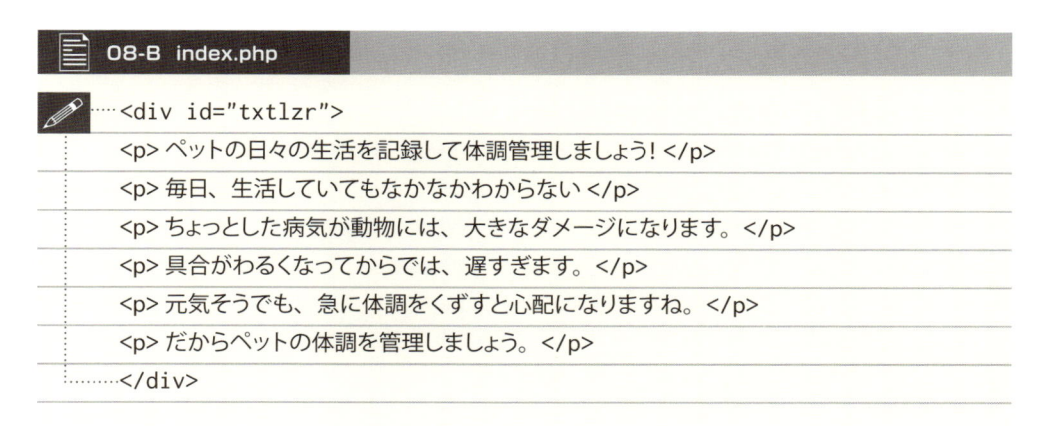

```
<div id="txtlzr">
    <p> ペットの日々の生活を記録して体調管理しましょう！ </p>
    <p> 毎日、生活していてもなかなかわからない </p>
    <p> ちょっとした病気が動物には、大きなダメージになります。 </p>
    <p> 具合がわるくなってからでは、遅すぎます。 </p>
    <p> 元気そうでも、急に体調をくずすと心配になりますね。 </p>
    <p> だからペットの体調を管理しましょう。 </p>
</div>
```

`<p></p>` タグごとにテキストが切り替わって表示される

3 テキストの表示範囲を CSS で指定する

テキストの表示範囲となる「高さ」と「幅」を指定します。［ダッシュボード］画面で、❶［外観］- ❷［テーマ編集］をクリックして ❸［ヘッダー（header.php）］をクリックします。ソースコードが表示されたら、❹ `<?php wp_head(); ?>` の下に次ページの 08-C のように記述して、❺［ファイルを更新］をクリックします。

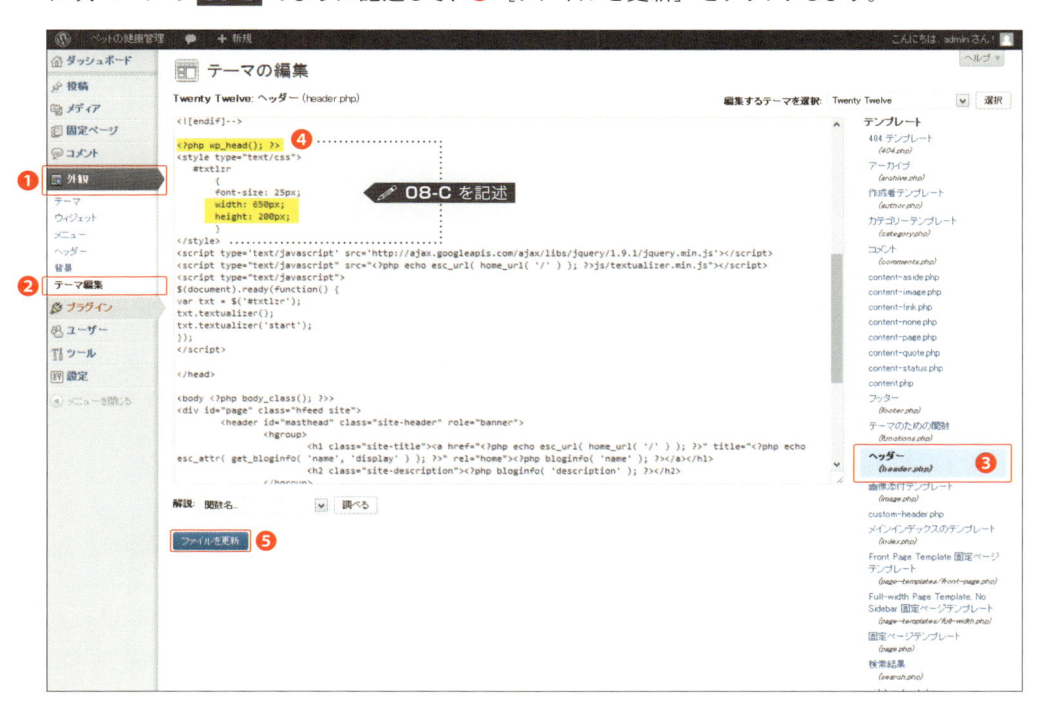

テキストの表示切り替えにおもしろい動きを付ける

08-C header.php

```
<style type="text/css">
    #txtlzr
    {
        font-size: 25px;      文字サイズを指定
        width: 650px;         表示範囲の幅
        height: 200px;        表示範囲の高さを指定
    }
</style>
```

表示範囲の高さや幅のスタイルを指定する

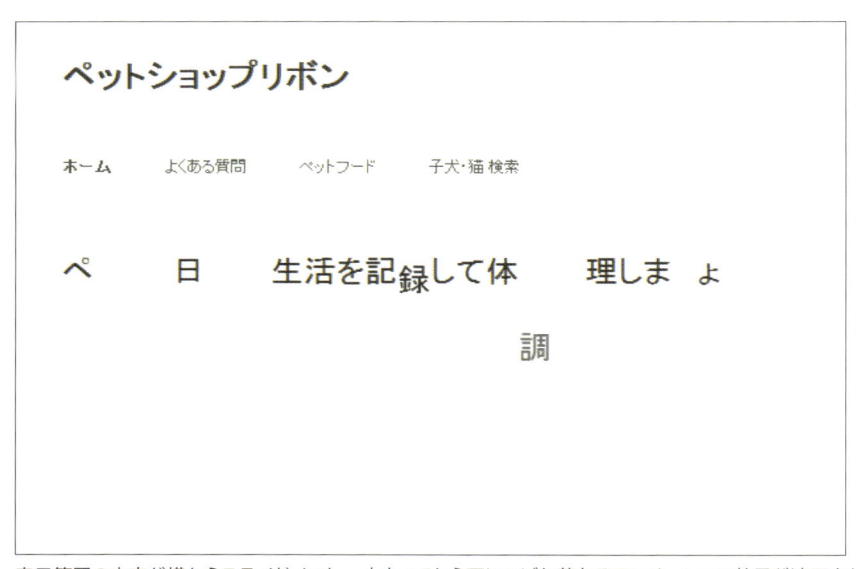

表示範囲の文字が横からスライドインし、止まってから下にこぼれ落ちるアニメーション効果が適用されている

STEP 3 テキストの切り替え方法を変更する

1 オプションの記述を追加する

テキストの表示時間や切り替え方法は用途に合わせて変更することができます。
［ヘッダー（header.php）］に 08-D のようにオプションの記述を追加します。

08-D　header.php

```
<script type="text/javascript">
  $(document).ready(function() {
    var txt = $('#txtlzr');
    txt.textualizer({
      duration: 50,                    表示する時間
      rearrangeDuration: 20,  所定の位置に移るまでの時間  ◀ オプションを追加
      effect:'fadeIn'                  切り替え方法
    });
    txt.textualizer('start');
  });
</script>
```

オプションで設定できる効果

オプション名	効果
duration	各テキストが表示されている時間。ミリ秒で設定
effect	切り替え方法の指定、fadeIn（フェードイン）slideLeft（左からスライドイン）、slideTop（上からスライドイン）、random（エフェクトをランダムに行う）
rearrangeDuration	テキストが所定の位置に移るまでの時間

完成

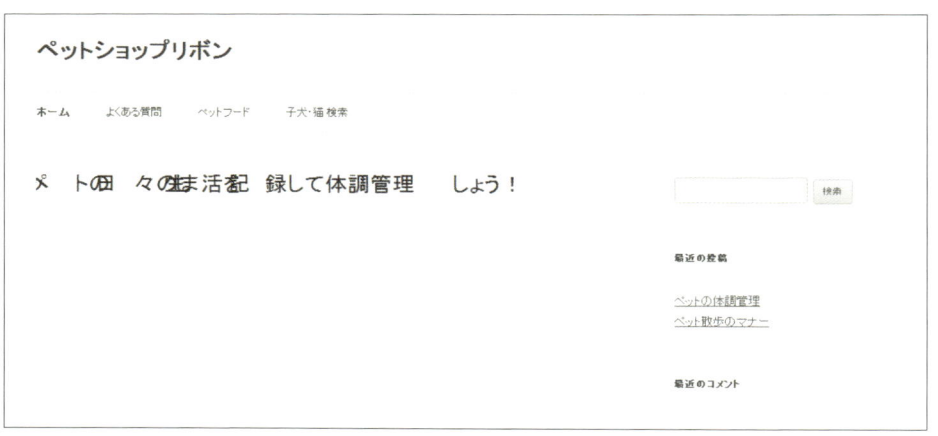

slideLeft を設定。テキストが横にクロスしながら表示される

slidefadeIn を設定。テキストがフェードインで表示される

EFFECT

STEPUPカスタマイズ 投稿した記事と連動させて表示する

1 記事を投稿する

固定のテキストではなく、投稿記事のテキストを抽出して順番に表示させることもできます。［ダッシュボード］画面で、❶［投稿］-❷［新規追加］をクリックし、❸［テキスト］タブをクリックして、❹タイトルや本文を入力して❺［公開］をクリックします。この投稿した記事のテキストにアニメーションの効果を適用します。

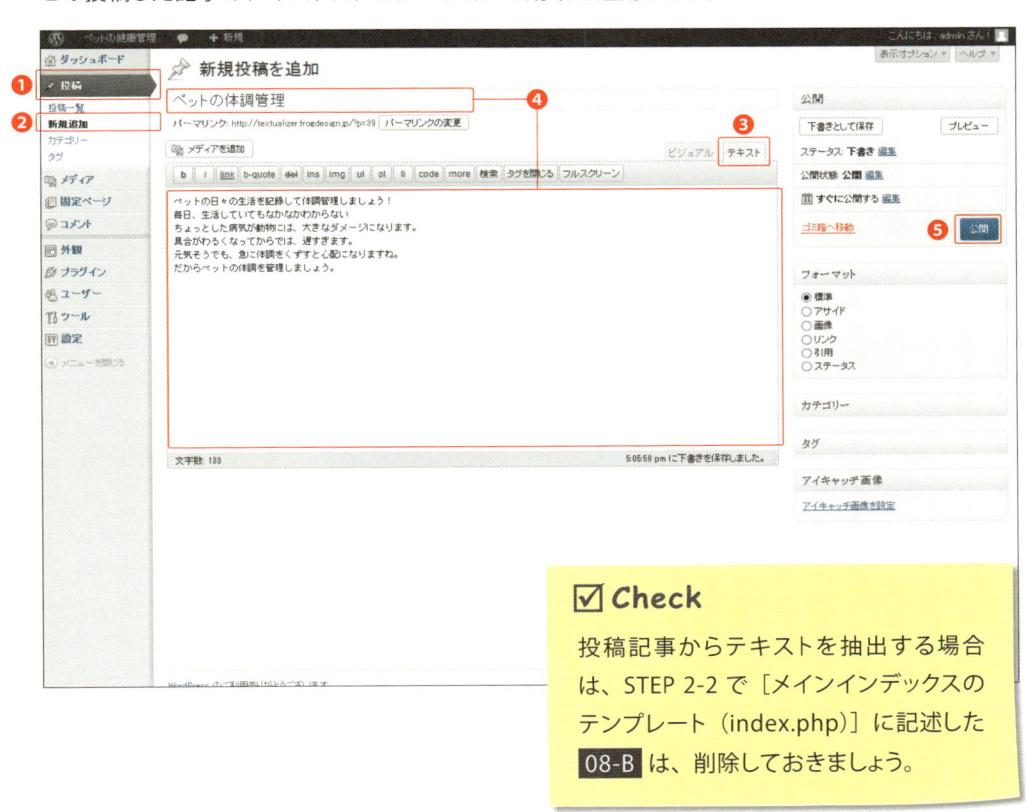

✓ Check

投稿記事からテキストを抽出する場合は、STEP 2-2で［メインインデックスのテンプレート（index.php）］に記述した 08-B は、削除しておきましょう。

2 投稿記事に効果を付ける記述を追加する

テキストを表示させるため、[メインインデックスのテンプレート（index.php）]に記述を追加します。[ダッシュボード]画面で❶[外観]-❷[テーマの編集]をクリックして❸[メインインデックスのテンプレート（index.php）]をクリックします。ソースコードが表示されたら、❹<div id="primary" class="site-content">の下に 08-E の記述を追加して❺[ファイルを更新]をクリックします。

08-E

```
<div id="primary" class="site-content">  ……この下に記述する
    <div id="txtlzr">
        <?php if ( have_posts() ) : ?>
        <?php while ( have_posts() ) : the_post(); ?>
        <p><?php echo mb_substr(strip_tags($post-> post_content),0,100); ?></p>  …… 表示させる文字数の設定
        <?php endwhile; ?>
        <?php endif; // end have_posts() check ?>
    </div>
```

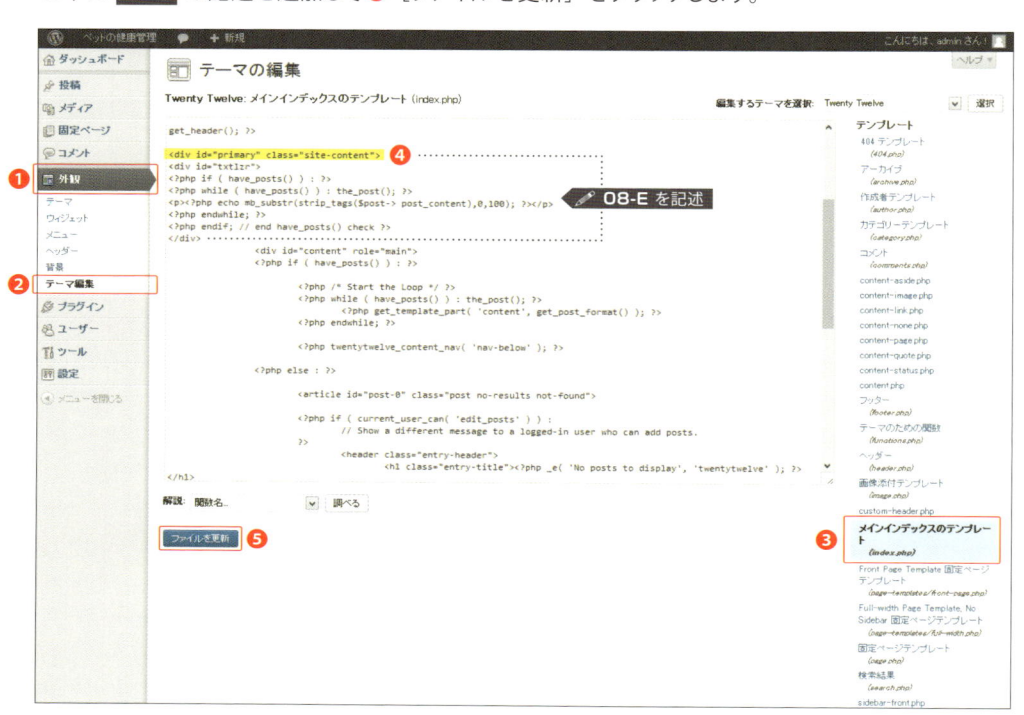

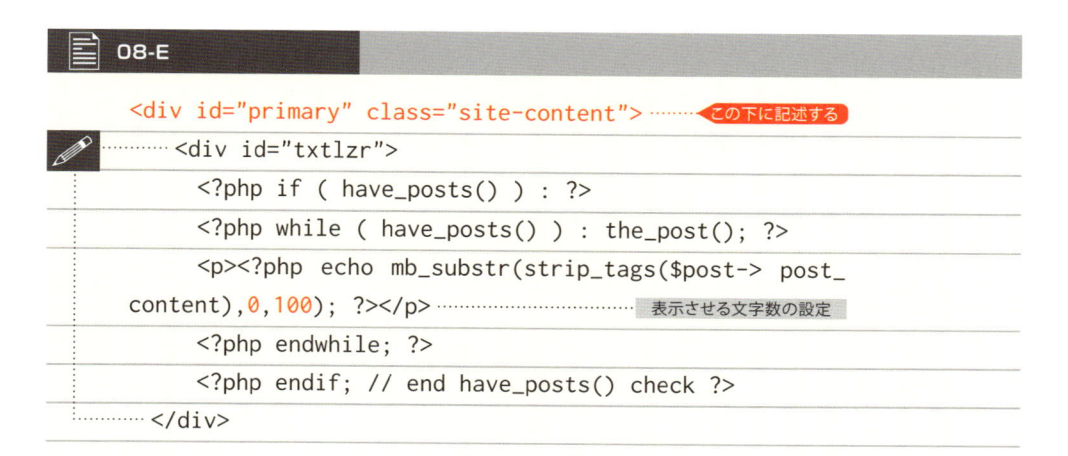

文字数の設定では、テキストの頭から何文字カットするかと、表示させる文字数を指定する。上の設定の場合は、最初の100文字だけを表示する

完成

ペットショップリボン

ホーム　　よくある質問　　ペットフード　　子犬・猫検索

ペットの日々の生活を記録して体調管理しましょう！
毎日、生活していてもなかなかわからない
ちょっとした病気が動物には、大きなダメージになります。
具合がわるくなってからでは、遅すぎます。元気

フェードインして最初の記述が表示される

ペットショップリボン

ホーム　　よくある質問　　ペットフード　　子犬・猫検索

文字が徐々に消えていく

ペットショップリボン

ホーム　　よくある質問　　ペットフード　　子犬・猫検索

毎日の　　は、　の　動にとっても大事な　と。
十分な　分を補給しながら、歩く運　は　ト　の　　にもいい
日差しが強い　き、なる　く草が生　て　るところを　き、

次の投稿記事が表示される

|エフェクト

08 テキストの表示切り替えにおもしろい動きを付ける

エフェクト 09
画像を部分的に拡大して細部まで表示させる

使用するjQuery Jquery Image Zoom

画像にマウスオーバーするとサムネイル領域の背景色が変わる

拡大画面の配置する位置は設定で変更できる

画像にマウスポインターを重ねると（マウスオーバー）、重ねた部分が拡大して表示される効果は、特にECサイトなどの、商品をできるだけ拡大して細部まで見せたいときに便利です。画像をその場で拡大できるので、ユーザーがページを遷移する手間が省け、商品の購入率が伸びることもあります。

画像にマウスオーバーした際に、サムネイル領域に拡大画像を表示することもできる

jQuery Profile

対象ブラウザ
IE 6 以降、Safari 6.03、Chrome 27、Firefox 22

NAME Jquery Image Zoom

URL http://www.elevateweb.co.uk/image-zoom/

DL http://www.impressjapan.jp/books/1112101139_4

フォルダ構成 ［3438_WPjQ］-［Effect］-［09Jquery Image Zoom］

制作の流れ

STEP 1 jQueryプラグインをサーバーにアップロードする

STEP 2 画像をアップロードして class を付与する

STEP 3 記事にjQueryプラグインを読み込む

STEP 4 カテゴリーに jQuery プラグインを読み込む

STEPUP カスタマイズ オプションを適用する

STEP 1　jQuery プラグインをサーバーにアップロードする

1　jQuery プラグインをアップロードする

本書のダウンロードページからサンプルをダウンロードし、その中の「jquery.elevateZoom-2.5.5.min.js」をサーバーの「js」フォルダにアップロードします。

STEP 2　画像をアップロードして class を付与する

1　画像をアップロードする

表示させる画像は、サムネイルに使用する画像と、拡大時に使用する画像の、サイズが違うものを 2 枚用意してアップロードします。ここでは、サムネイル画像のサイズを「300px × 225px」（dog1_s.jpg）、拡大画像のサイズを「800px × 600px」（dog1.jpg）で作成しています。3 枚の画像をアップロードするので、それぞれ「dog2」、「dog3」として拡大画像とサムネイル画像をアップロードしておきます。［ダッシュボード］画面で❶［メディア］-❷［新規追加］をクリックします。［メディアのアップロード］画面で、❸画像をドラッグ＆ドロップするか、［ファイルを選択］からアップロードします。

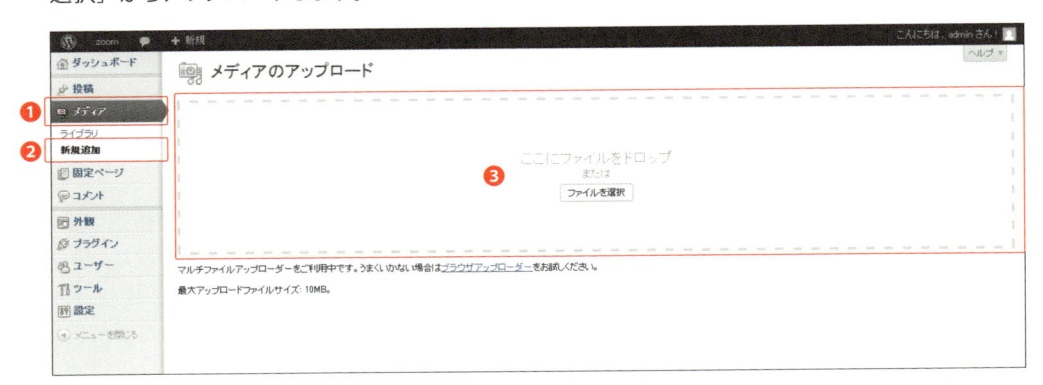

2 拡大画像の URL を確認する

STEP 2-5 の手順で 拡大画像（dog1.jpg） の URL が必要になるので、確認しておきます。［ダッシュボード］画面で❶［メディア］-❷［ライブラリ］をクリックします。拡大画像の❸タイトルをクリックすると画像の詳細が表示されます。画面右の❹［ファイルの URL］に URL が表示されているので、テキストエディターなどにコピーしてメモしておきましょう。

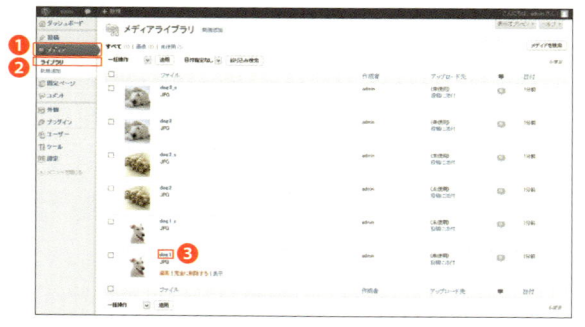

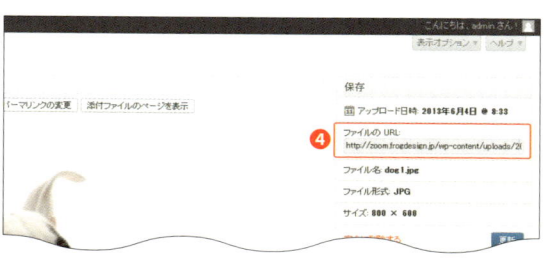

09-A

http://yoururl/wp-content/uploads/ 投稿年 / 投稿月 / 画像名

赤字の部分は、それぞれの環境と投稿日によって異なる

3 サムネイル画像を表示させる

記事の本文内にサムネイル画像を表示させます。［ダッシュボード］画面で❶［投稿］-❷［新規追加］をクリックし、❸記事のタイトルや本文などを入力して、❹［メディアを追加］をクリックします。❺［メディアライブラリ］をクリックし、❻登録したサムネイル画像（dog1_s.jpg）を選択して、❼［添付ファイルの詳細］を確認します。❽［投稿に挿入］をクリックすると写真が記事に挿入されます。

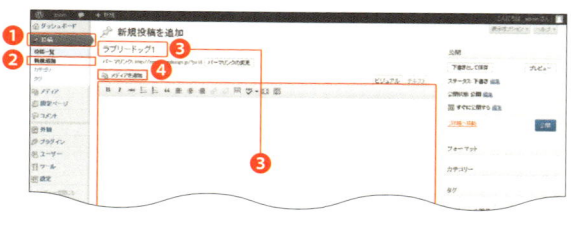

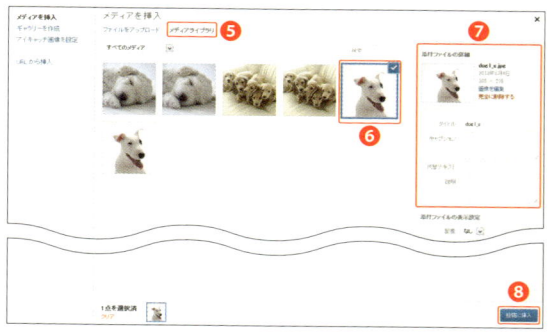

| エフェクト

[新規投稿を追加]画面に戻って❾[公開]をクリックして記事を公開します。必要な画像をすべて登録します。

4 拡大表示するように画像に class を付与する

画像に対して Jquery Image Zoom を適用するために「class」を付与します。[ダッシュボード]画面で❶[投稿]-❷[投稿一覧]をクリックして、❸効果を付けたい記事の[編集]をクリックします。❹[ビジュアル]タブをクリックし❺画像をクリックして、❻[画像を編集]アイコンが表示されたらクリックします。❼[詳細設定]タブをクリックし、❽[CSS クラス]の末尾に半角スペースを入れて「zoom」と入力して❾[更新]をクリックします。[投稿の編集]画面に戻ったら[更新]をクリックして記事を更新します。❿[パーマリンク]にある「***?p= 数字」の数字が STEP 3-1 で必要になる投稿 ID になるので、これをコピーしておきます。

> ☑ Check
>
> 投稿記事の中に複数の画像がある場合、拡大を適用する画像にだけクラス(class)を付与するようにします。クラス(class)を付与した画像に効果が適用されます。

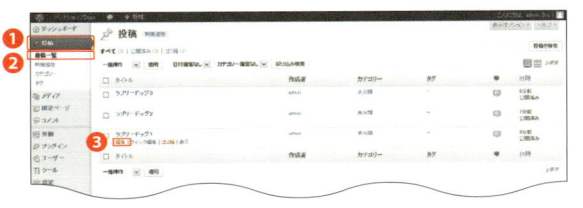

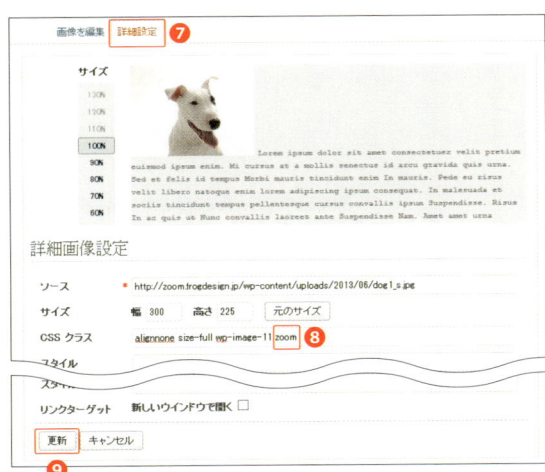

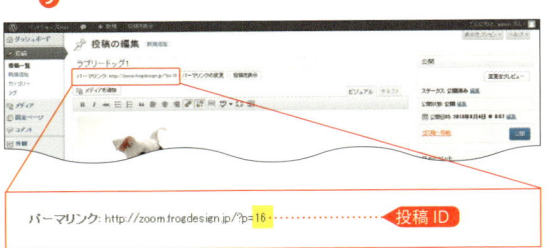

画像を部分的に拡大して細部まで表示させる

5 拡大画像を指定する

［投稿の編集］画面に戻って❶［テキスト］のタブをクリックします。テキストの入力画面で、ソースの最後の </a> の前に 09-B のように「data-zoom-image」という記述を追加して、URL 部分には STEP 2-2 でコピーした拡大画像の URL を入力します。❷［更新］をクリックして記事を更新します。

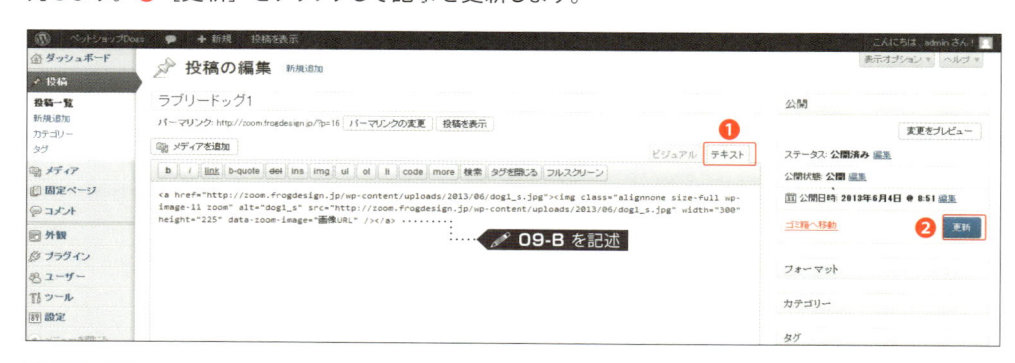

09-B 投稿画面

```
height="225" data-zoom-image="画像URL" /></a>   ……… 記述を追加
```

data-zoom-image に対して画像の URL を指定する

Hint 画像の URL を確認する

アップロードした画像の URL を確認するには、［ダッシュボード］画面で❶［メディア］-❷［ライブラリ］をクリックして❸アップロードした画像のタイトルをクリックします。画面右の❹［ファイルの URL］が画像のリンクになります。

| エフェクト

STEP 3 記事に jQuery プラグインを読み込む

1 記事に jQuery プラグインを読み込む記述を追加する

ここでは、投稿した記事に効果を適用する方法を解説します。jQuery プラグインを WordPress が読み込めるようにテーマの［ヘッダー（header.php）］を編集します。［ダッシュボード］画面で❶［外観］-❷［テーマ編集］をクリックして❸［ヘッダー（header.php）］をクリックします。ソースコードが表示されたら、❹ `<?php wp_head(); ?>` の下 09-C にのように jQuery を読み込む記述を追加します。投稿 ID の部分には、STEP 2-4 で確認した数字が入ります。❺［ファイルを更新］をクリックします。

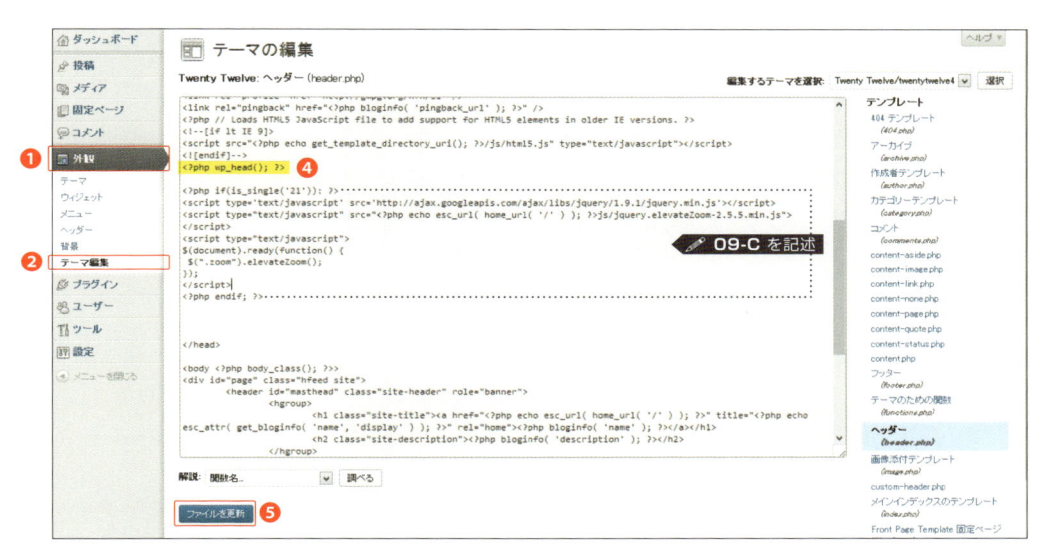

画像を部分的に拡大して細部まで表示させる

09-C 投稿画面の記述方法

```
<?php wp_head(); ?>                         ……この下に記述する
<?php if(is_single('投稿ID')): ?>
<script type='text/javascript' src='http://ajax.googleapis.
com/ajax/libs/jquery/1.9.1/jquery.min.js'></script>
<script type="text/javascript" src="<?php echo esc_url(
home_url( '/' ) ); ?>js/jquery.elevateZoom-2.5.5.min.
js"></script>                                ……jQueryを読み込む
<script type="text/javascript">
$(document).ready(function() {
  $(".zoom").elevateZoom();
});
</script>
<?php endif; ?>
```

投稿画面に直接 jQuery プラグインを読み込む記述を追加

113

👁 Hint 複数のページの画像に適用する

複数のページに Jquery Image Zoom の効果を適用する場合は、STEP 3-1 で記述したソースコードを下記のように変更します。数字部分には、それぞれのページの投稿 ID を入力します。これで各ページを開くと効果が適用できました。カテゴリーを登録して表示させたい場合などは、複数の記述を適用します。

09-D　header.php

1つの場合
```php
<?php if(is_single('数字')): ?>
```
複数の場合
```php
<?php if(is_single(array('数字1','数字2','数字3'))): ?>
```

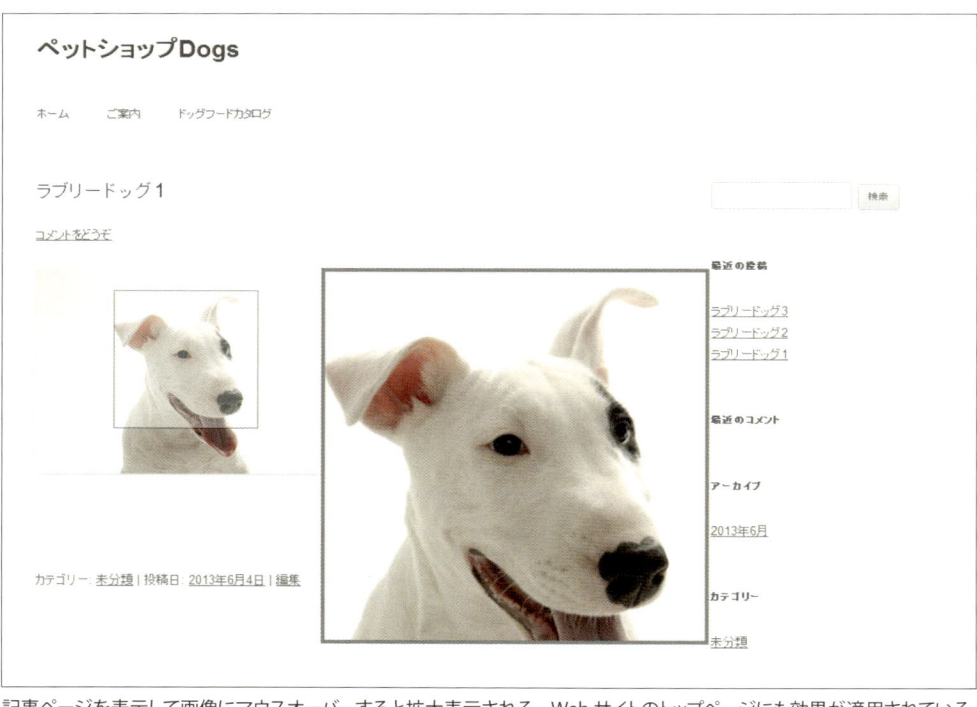

記事ページを表示して画像にマウスオーバーすると拡大表示される。Web サイトのトップページにも効果が適用されている

☑ Check

次の STEP 4 では、カテゴリーへの適用方法を解説しますが、投稿ページとカテゴリーページ両方に適用させる場合は、STEP 3 の記述も残しておきます。カテゴリーにだけ効果を適用する場合は 09-C の記述は削除しておきます。

STEP 4　カテゴリーに jQuery プラグインを読み込む

1 カテゴリーを作成する

複数の記事に適用したい場合や専用のカテゴリーに適用したい場合などは、この方法がいいでしょう。ここでは、[カテゴリー（category.php）] に記述します。[ダッシュボード] 画面で❶ [投稿] -❷ [カテゴリー] をクリックし、❸ [名前] に [ギャラリー]、[スラッグ] に「gallery」と入力して、❹ [新規カテゴリーを追加] をクリックします。カテゴリーが作成できました。作成した❺ [ギャラリー] カテゴリーをクリックして❻ [カテゴリーを表示] をクリックします。ブラウザが起動してギャラリーカテゴリーページが表示されるので、❼ URL の最後のカテゴリー ID「/?cat= 数字」部分をコピーしておきます。

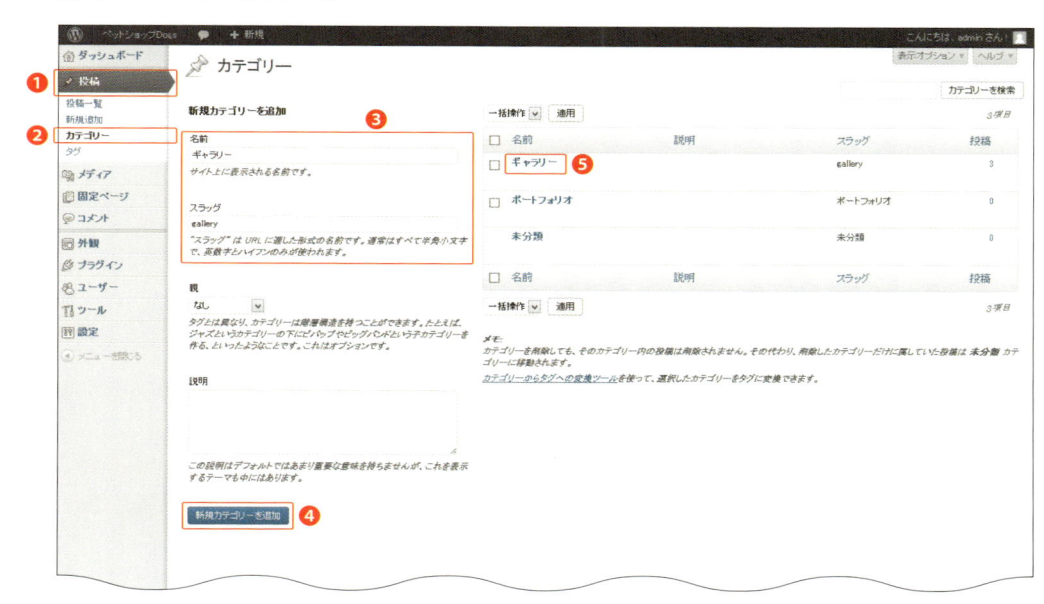

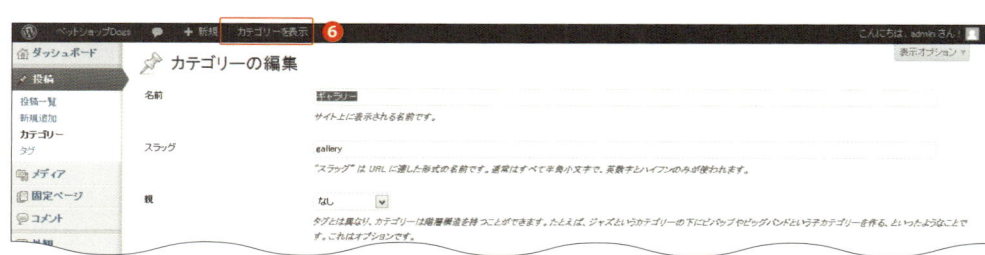

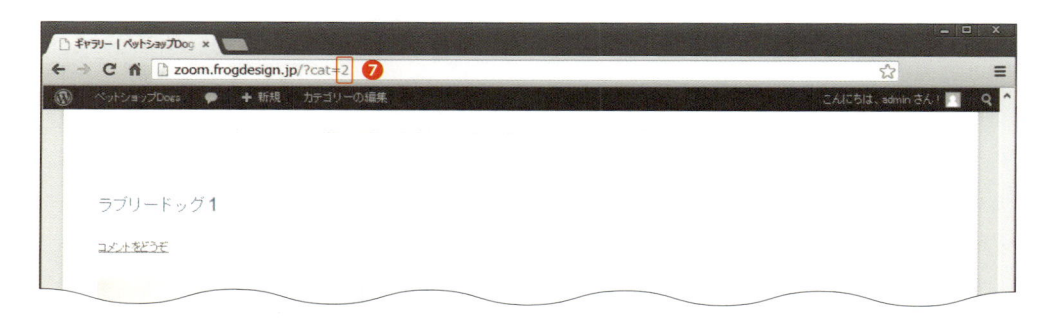

2 jQuery プラグインを読み込む記述を追加する

カテゴリーに対応させる場合の記述方法です。[ダッシュボード] 画面で❶ [外観] - ❷ [テーマ編集] をクリックして、❸ [カテゴリーテンプレート (category.php)] をクリックします。ソースコードが表示されたら、❹ `get_header(); ?>` の下に 09-E を記述します。数字の部分には STEP 4-1 でコピーしたカテゴリー ID を記述します。❺ [ファイルを更新] をクリックします。

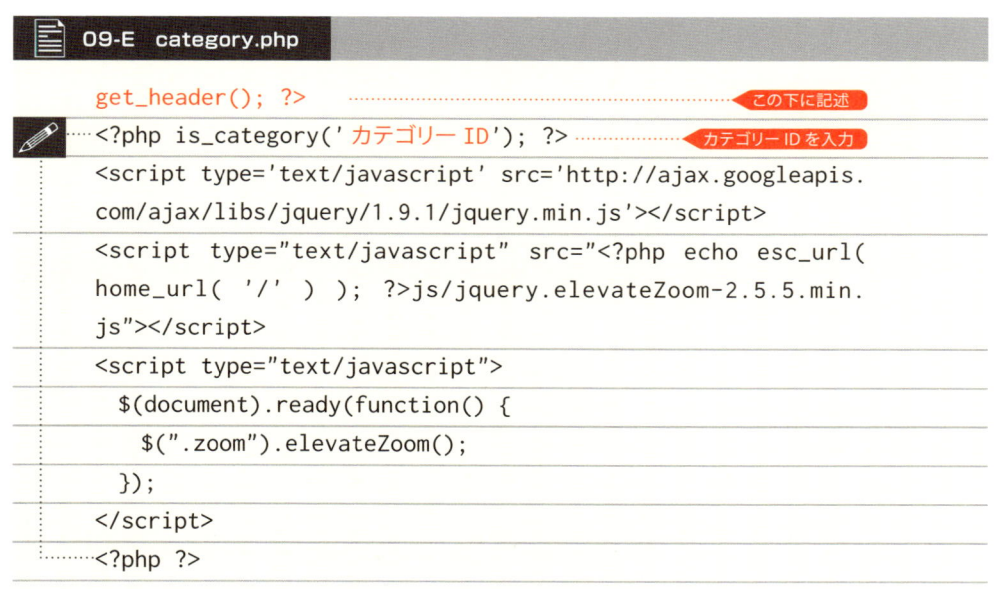

09-E　category.php

```
get_header(); ?>                              ← この下に記述
<?php is_category(' カテゴリーID '); ?>        ← カテゴリーIDを入力
<script type='text/javascript' src='http://ajax.googleapis.
com/ajax/libs/jquery/1.9.1/jquery.min.js'></script>
<script type="text/javascript" src="<?php echo esc_url(
home_url( '/' ) ); ?>js/jquery.elevateZoom-2.5.5.min.
js"></script>
<script type="text/javascript">
  $(document).ready(function() {
    $(".zoom").elevateZoom();
  });
</script>
<?php ?>
```

カテゴリー ID を変更して記述

3 投稿した記事にカテゴリーを指定する

［ダッシュボード］画面で❶［投稿］-❷［投稿一覧］から拡大表示したい画像を挿入した記事をクリックして表示します。［投稿の編集］画面で、❸［カテゴリー一覧］タブにある［ギャラリー］のチェックボックスをクリックしてチェックマークを付けます。このカテゴリーに登録した画像は、すべて jquery.elevateZoom プラグインが適用されるので、必要な分だけ登録します。［未分類］のカテゴリーにチェックマークが付いている場合は、チェックボックスをクリックしてチェックマークを外しておきます。❹［更新］をクリックし、Web ブラウザで［ギャラリー］カテゴリーページを表示します。

完成

［ギャラリー］カテゴリーに登録した記事の画像を拡大表示できた。効果は［ギャラリー］カテゴリーのトップページのみ適用される

STEPUPカスタマイズ　オプションを適用する

1 拡大部分以外の背景色を変える

Jquery Image Zoomには複数のオプションが用意されています。オプションは、以下のように設定します。記述する場所は、[ヘッダー(header.php)]か[カテゴリーテンプレート(category.php)]のソースコード **$(document).ready(function() {** の下になります。STEP 3、4と同様にソースコードを表示して記述しましょう。

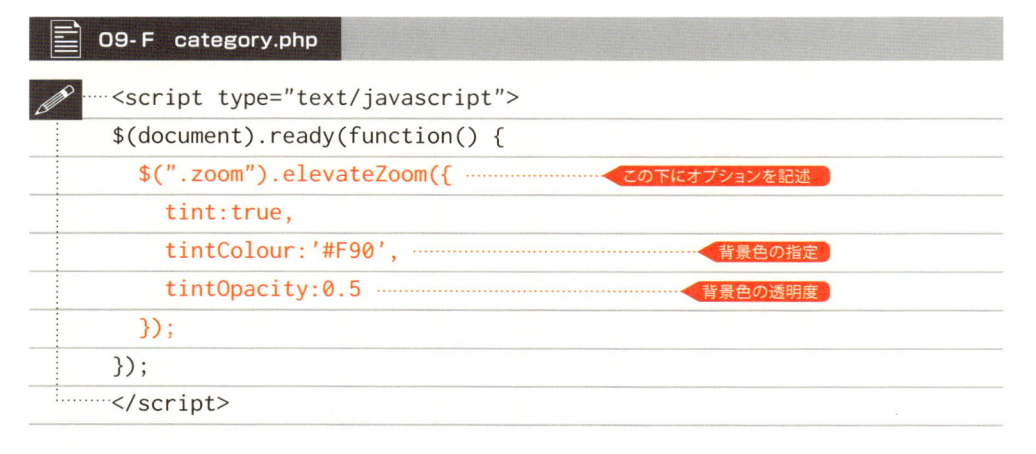

09-F　category.php

```
<script type="text/javascript">
    $(document).ready(function() {
        $(".zoom").elevateZoom({         ← この下にオプションを記述
            tint:true,
            tintColour:'#F90',           ← 背景色の指定
            tintOpacity:0.5              ← 背景色の透明度
        });
    });
</script>
```

「tint」は、拡大部分以外の背景色を変える。背景色(tintColour)は、#hexでの指定、redやblueなどの指定、RGBでの指定の3通りある

◎ 完成

画像にマウスオーバーすると拡大している部分以外に色が付き、拡大部分がわかりやすい

2 拡大部分の表示位置を変える

zoomWindowPosition オプションを記述と拡大表示する画像の位置を変更することができます。表示位置は、下図のように番号で指定します。

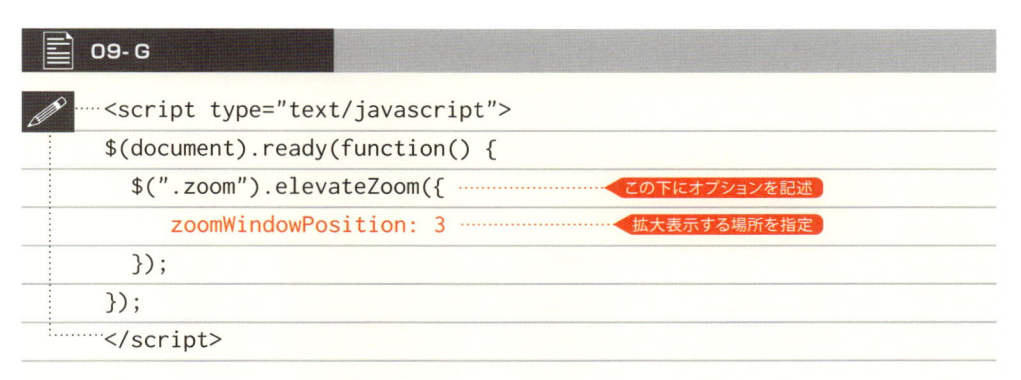

09-G

```
<script type="text/javascript">
  $(document).ready(function() {
    $(".zoom").elevateZoom({         ……… この下にオプションを記述
      zoomWindowPosition: 3          ……… 拡大表示する場所を指定
    });
  });
</script>
```

「zoomWindowPosition」は、拡大部分の表示位置を変える。下図のように数値で指定する

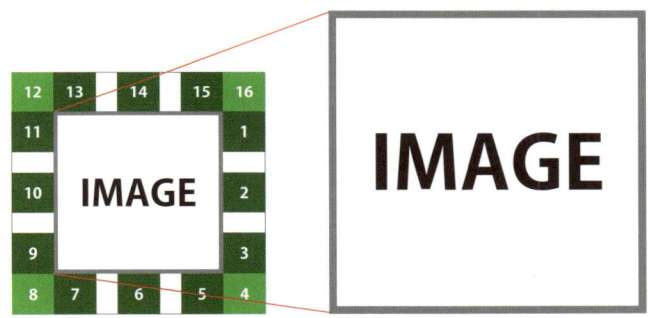

番号を指定することで拡大画像の表示位置を指定できる

完成

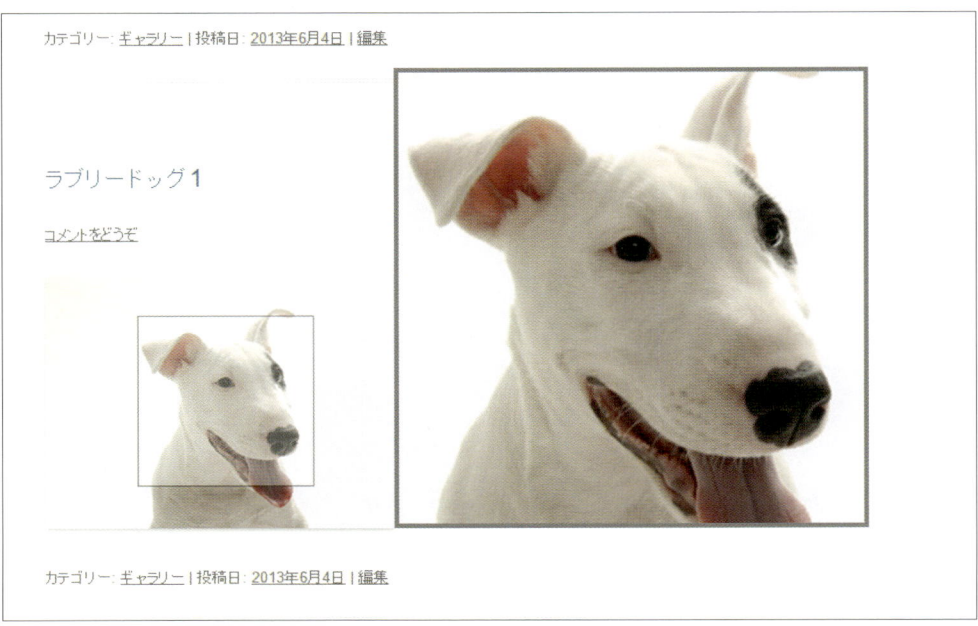

上図の3番の表示位置を指定した場合

3 サムネイルの表示領域に拡大表示する

zoomType: "inner" のオプションを記述すると、画像の表示領域に拡大表示することができます。拡大するスペースがない場合などに有効です。

09-H

```
<script type="text/javascript">
$(document).ready(function() {
  $(".zoom").elevateZoom({          ←この下にオプションを記述
    zoomType: "inner"
  });
});
</script>
```

「zoomType: "inner"」は、サムネイルの表示領域内に拡大表示する

◉ 完 成

サムネイル画像の内側でマウスオーバーした部分を拡大表示できる

オプションで設定できる効果

オプション名	効果
tint	拡大部分以外の背景色を変える
zoomWindowPosition	拡大画像を表示させる場所を変える
zoomType	拡大の種類を変える
zoomWindowFadeIn ／ ont	画像がフェードイン／アウトする時間を設定する
lenzFadeIn ／ ont	レンズがフェードイン／アウトする時間を設定する

4 拡大表示する際に効果を適用する

拡大画像を表示される際に、表示方法に効果をかけることができます。ここでは、フェードイン＆フェードアウトの効果を適用しています。

完成

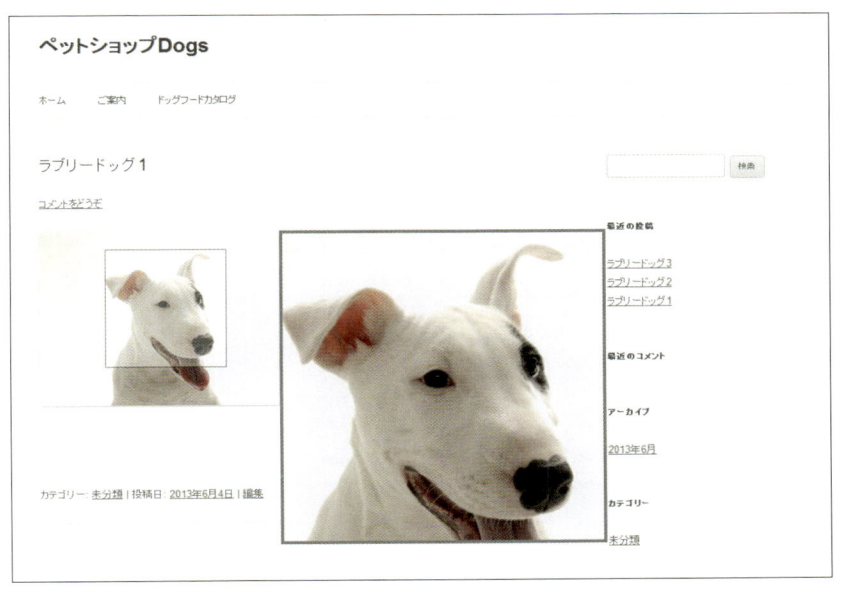

画像の表示方法が変わる

09-1

```
<script type="text/javascript">
$(document).ready(function() {
    $(".zoom").elevateZoom({          ← この下に記述を追加する
    zoomWindowFadeIn: 500,            ← フェードさせる時間
    zoomWindowFadeOut: 500,           ← フェードアウトさせる時間
    lensFadeIn: 500,                  ← レンズのフェードイン時間
    lensFadeOut: 500                  ← レンズのフェードアウト時間
    });
});
</script>
```

フェードを調整する。数字はミリ秒単位で表記。1000で1秒となる

エフェクト
10 Instagramの画像を
ハッシュタグで読み込んで表示する

使用するjQuery　jquery-instagram

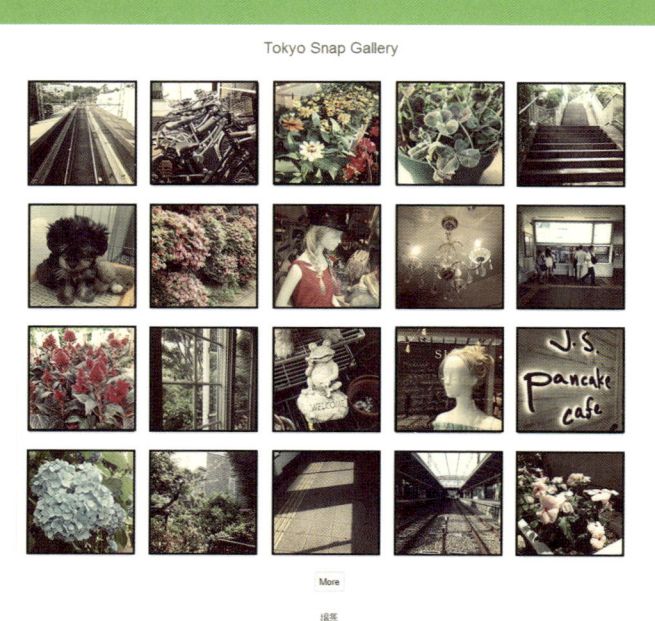

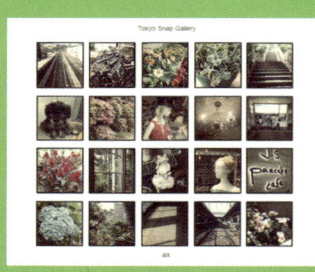

ハッシュタグを入力して合致する画像を表示した状態。ハッシュタグは自由に設定できる

［More］ボタンを設置してクリックするごとに画像を追加で読み込み表示する

EFFECT

人気の写真共有アプリ「Instagram」に投稿されている画像をハッシュタグで収集してグリッド状に表示できます。キーワードを変えることでさまざまな画像を読み込めるので、必要な画像だけを選んで効率よく表示することが可能です。画像をクリックすると画像を投稿したユーザーのギャラリーを表示できます。ショップなどのWebサイトの場合、Instagramを利用したキャンペーンで関連画像を表示させるなどの用途も考えられます。

jQuery Profile

■対象ブラウザ
IE 6 以上、Safari 6.03、Chrome 27、Firefox 22

NAME jquery-instagram

URL http://potomak.github.io/jquery-instagram/

DL http://www.impressjapan.jp/books/1112101139_4

フォルダ構成　［3438_WPjQ］-［Effect］-［10jquery-instagram］

制作の流れ

STEP 1 InstagramのCLIENT IDを取得する
STEP 2 jQueryプラグインをサーバーにアップロードする
STEP 3 固定ページに jQuery を読み込む
STEP 4 WordPress のテーマを編集する
STEPUP カスタマイズ 画像の表示方法をアレンジする

STEP 1　Instagram の CLIENT ID を取得する

1　Instagram の準備をする

Instagram の画像を表示するために、「CLIENT ID」を取得する手続きをします。PC から下記の Instagram のデベロッパー登録ページ（http://instagram.com/developer/register）にアクセスします。Instagram のアカウントを持っていない場合は、事前にアカウントの作成が必要です。アカウントの作成は、スマートフォンで Instagram のアプリから行います。

2　Instagram に PC からアクセスして登録する

PC から❶下記のデベロッパー登録ページにアクセスし、❷［ログイン］をクリックします。❸ Instagram のアカウントの ID とパスワードを入力して、❹［ログイン］をクリックします。

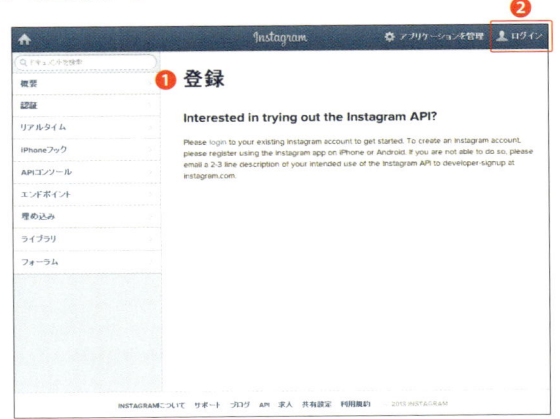

Instagram のデベロッパー登録ページ：http://instagram.com/developer/register

続けて❺［概要］をクリックし、❻［Register Your Application］をクリックします。❼［Developer Signup］画面で、［Your website］にWebサイトのURL、［Phone number］に電話番号、［What do you want to build with the API?］には何を作るのかを入力しますが、ここでは「Webサイトに適用」と入力しました。それぞれ必要な項目を入力したら、❽［I accept the API］のチェックボックスをクリックし、チェックマークを付けて❾［登録］をクリックします。

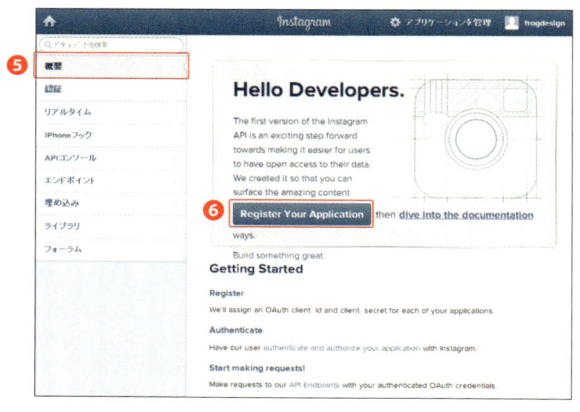

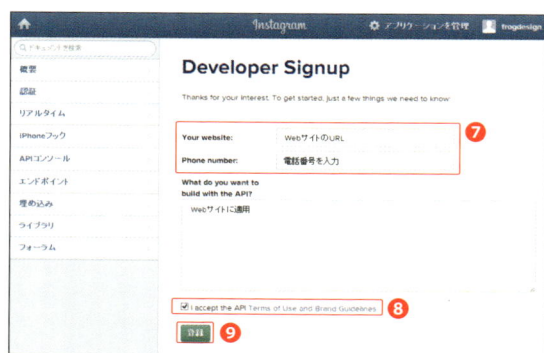

入力内容

項目名	内容
Your website	Web サイトの URL
Phone number	電話番号を入力
Whatdo you want to build with the API?	「Web サイトに適用」と入力
I accept the API	チェックマークを付ける

3 記入事項に入力してCLIENT IDを取得する

[アプリケーションを管理]画面で❶[新しいアプリを登録]をクリックします。[Register new OAuth Client]画面で、❷[Application Name]に「Insta Photo」と入力、❸[Description]に「My Instagram Photo」と入力します。続けて❹[Website]にWebサイトのURL、❺[OAuthredirect_uri]にリダイレクトのURLを入力します。リダイレクトのURLがなければ、WebサイトのURLを入力しておきます。❻[Register]をクリックして登録が完了すると❼「CLIENT ID」が発行されるので、コピーをしておきましょう。

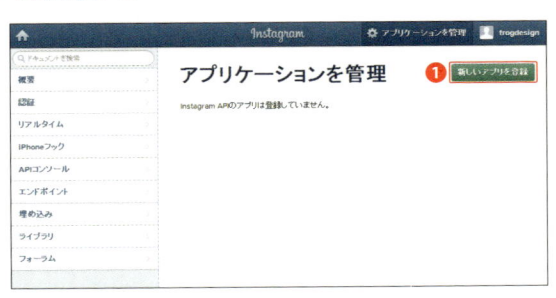

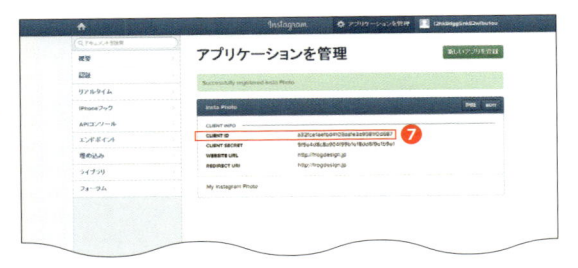

入力参考例

項目名	効果
Application Name	「Insta Photho」と入力
Description	「My Instagram Photo」と入力
Website	WebサイトのURLを入力
OAuth redirect_uri	WebサイトのURLを入力

🔘Hint CLIENT IDとは？

Webサイトやアプリの開発者や技術者向けに提供されるIDで、このIDを利用してInstagram APIをWebサイトに組み込むなど、より高度に利用できるようになります。

STEP 2　jQuery プラグインをサーバーにアップロードする

1　jQuery プラグインをアップロードする

本書のダウンロードページからサンプルをダウンロードし、その中の ==jquery.instagram== をダウンロードし、「==jquery.instagram.js==」をサーバーの「js」フォルダ、「==instagram.css==」をサーバーの「css」フォルダにアップロードします。「==instagram.css==」は、表示した写真をきれいに並べるようにした本書オリジナルのファイルです。

STEP 3　固定ページにjQuery を読み込む

1　固定ページを作成する

jquery-instagram の利用シーンとしては特定の投稿やページに表示することが多いので、今回は固定ページを作成して、jQuery を読み込みます。［ダッシュボード］画面で❶［固定ページ］-❷［新規追加］をクリックし、❸タイトルを入力します。タイトルは任意で構いません。

👁Hint　固定ページとは？

WordPress では、通常の投稿記事とは別に、固定ページを作成することができます。通常の記事は、投稿すると時系列で掲載されますが、固定ページは、常に同じ場所に掲載されます。そのため、「問合せ先」「企業情報」「プロフィール」などのコンテンツページによく使用されています。

2 固定ページ ID をコピーする

続けて❶［テキスト］タブをクリックし、❷ 10-A を記述して、❸［公開］をクリックします。この後の STEP 4-1 の手順で必要になる❹固定ページ ID をコピーしておきます。［パーマリンク］にある最後の数字が固定ページ ID になるので、コピーしておきます。

10-A

```
<div class="instagram"></div>
```

STEP 4　WordPress のテーマを編集する

1　jQuery プラグインを読み込む記述を追加する

固定ページに Instagram の画像を表示するため、[ヘッダー（header.php）] に記述を追加します。[ダッシュボード] 画面で ❶ [外観] - ❷ [テーマ編集] をクリックして ❸ [ヘッダー（header.php）] をクリックします。ソースコードが表示されたら、❹ `<?php wp_head(); ?>` の下に 10-B の記述を追加します。「固定ページ ID」には STEP 3-2 でコピーした固定ページの ID を、「Instagram の CLIENT ID」には STEP 1 で取得した「CLIENT ID」を入力します。「検索するハッシュタグ」には検索したいハッシュタグを入力して ❺ [ファイルを更新] をクリックします。

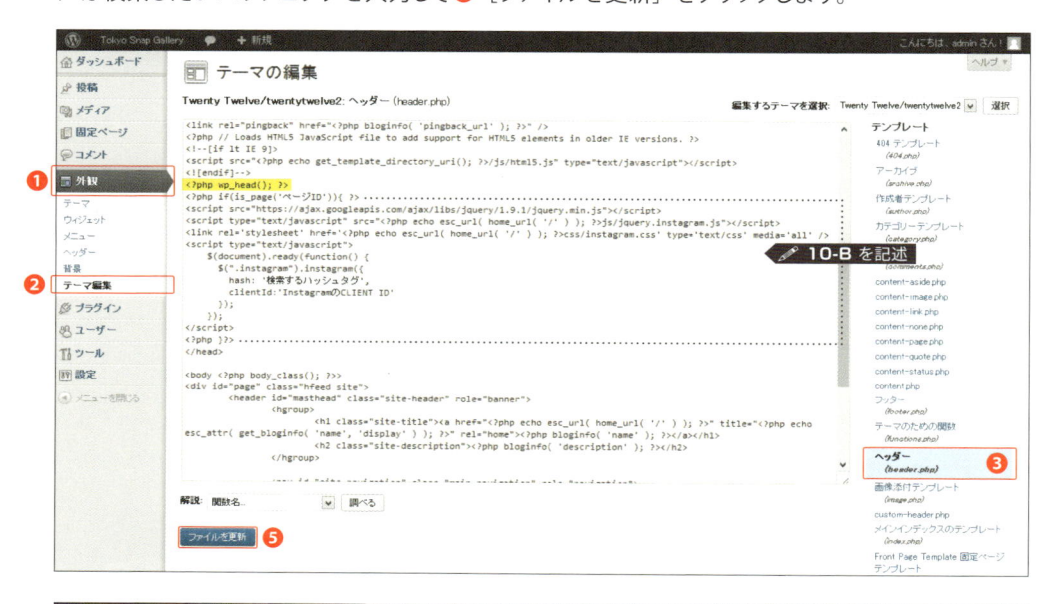

10-B　header.php

```php
<?php if(is_page('固定ページID')){ ?>
<script type='text/javascript' src='http://ajax.googleapis.com/ajax/libs/jquery/1.9.1/jquery.min.js'></script>
<script type="text/javascript" src="<?php echo esc_url( home_url( '/' ) ); ?>js/jquery.instagram.js"></script>
<link rel='stylesheet' href='<?php echo esc_url( home_url( '/' ) ); ?>css/instagram.css' type='text/css' media='all' />
<script type="text/javascript">
    $(document).ready(function() {
      $(".instagram").instagram({
        hash: '検索するハッシュタグ',          ← ハッシュタグ
        clientId:'InstagramのCLIENT ID'        ← CLIENT ID
      });
    });
```

```
        </script>
<?php }?>
```

固定ページ ID と Instagram の CLIENT ID を入力。さらに検索したいハッシュタグを入力する。ここでは「#」を入力せずキーワードのみを入力する

👁 Hint ハッシュタグとは？

Twitter などでよく知られているハッシュタグですが、一般的には # 記号と文字列で構成される検索タグのことです。その文字列によって検索された情報を表示することができます。

◉ 完 成

WordPress のサイトを表示すると、指定したハッシュタグによって画像が検索され、自動で読み込んで表示される

👁 Hint Instagram に登録されている写真について

Instagram では、一般的なハッシュタグで画像を収集すると、同じハッシュタグで投稿している他人の写真が集められてしまい、著作権上好ましくありません。そこで、特定の画像を収集する場合は、事前に使用されていない固有のハッシュタグで写真を投稿しておくといいでしょう。キャンペーンサイトなどで使用する場合は、固有の商品名などでハッシュタグを作成し、投稿された画像を表示させるといいでしょう。

STEPUPカスタマイズ　画像の表示方法をアレンジする

1 オプションの記述を追加する

オプションを利用することで、画像の表示件数を変更したり、ボタンを押す度に画像を次々に表示させる機能を追加したりすることができます。［ヘッダー（header.php）］の `<script type="text/javascript">` 以下の記述を **10-C** のように書き替えます。

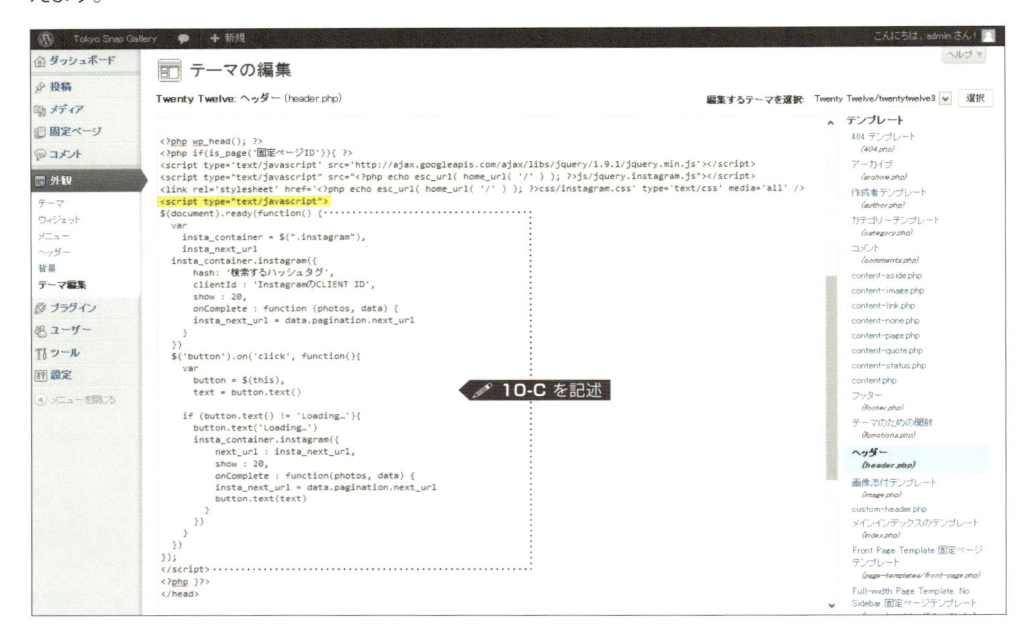

10-C　header.php

```
<script type="text/javascript">   ←この下の記述を書き替える
$(document).ready(function() {
    var
        insta_container = $(".instagram"),
        insta_next_url
    insta_container.instagram({
        hash: '検索するハッシュタグ',
        clientId : 'InstagramのCLIENT ID',
        show : 20,   ←画像の表示件数
        onComplete : function (photos, data) {
            insta_next_url = data.pagination.next_url
        }
    })
    $('button').on('click', function(){
        var
```

```
        button = $(this),
        text = button.text()
    if (button.text() != 'Loading…'){
        button.text('Loading…')
        insta_container.instagram({
            next_url : insta_next_url,
            show : 20,  ……………… ボタンを押すと表示される画像の表示件数
            onComplete : function(photos, data) {
                insta_next_url = data.pagination.next_url
                button.text(text)
            }
        })
    }
    });
</script>   ………………………………………………………… ここまで書き替える
```

ボタンを押す度に20件ずつ画像を増やして表示することができる

2 固定ページに［More］ボタンを追加する

［ダッシュボード］画面で❶［固定ページ］-❷［固定ページ一覧］から❸ STEP 3-1で作成した固定ページをクリックして表示します。［固定ページを編集］画面で、❹［テキスト］モードをクリックして、❺次ページの 10-D の記述を追加し、❻［更新］をクリックします。

10-D

```
<div class="instagram"></div>      ……………… 10-Aで入力したコード
<p style="clear:both;"><button>More</button></p> ……… 追加
```

［More］の部分は任意で変更可能。文字列はボタンの名前になる

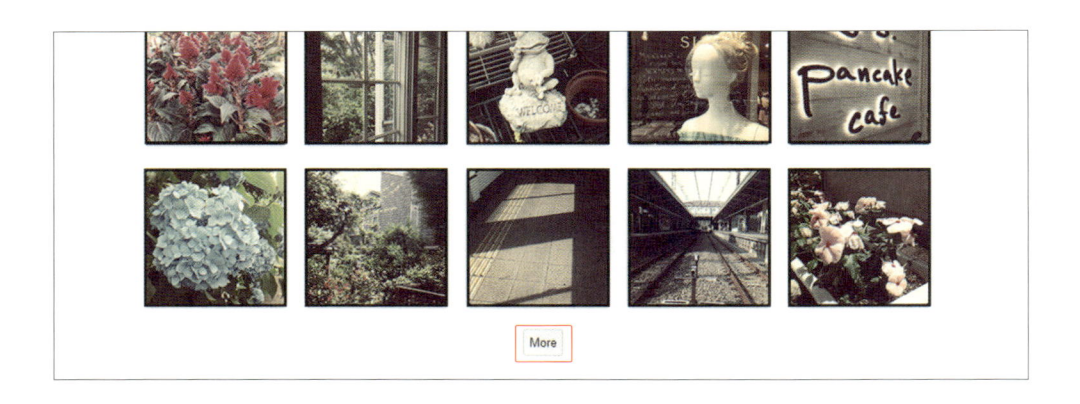

完成

［More］ボタンが設置できた。このボタンをクリックすると、同じハッシュタグを付けられた画像が同じページに読み込まれて表示される

Chapter 4

レイアウト

サイトの印象を前面に押し出したギャラリー系サイトや目的が明確なキャンペーンサイトなどに使われることが多いjQueryプラグインの導入方法を解説します。全画面やグリッドを活用したレイアウトは、テンプレートのソースコードを大幅に変更する場合もあるので注意しながら編集していきます。

11 **The Wookmark jQuery Plugin**：
画像を画面いっぱいに配置してギャラリーページを作る 134

12 **Supersized**：画面全体に画像を表示して大きなスライドショーとして見せる ... 146

13 **x-rhyme.js**：横にスクロールする画廊のようなページを作る 160

14 **Curtain.js**：複数の記事を全画面で紙芝居のようにめくれるパララックス ... 172

レイアウト 11
画像を画面いっぱいに配置してギャラリーページを作る

使用するjQuery The Wookmark jQuery Plugin

グローバルメニューを残した状態でも利用できる

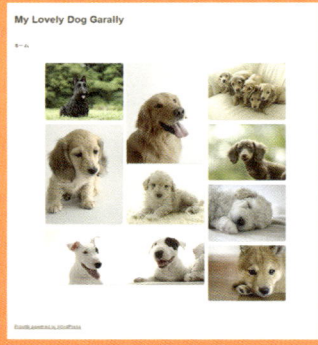

サムネイル画像を画面いっぱいに散りばめて、ギャラリーのようなページを作ることができます。ひと目でたくさんの画像を見ることができるので、写真やアート作品などを見せたいサイトにおすすめです。また、ウィンドウサイズによって配置が自動的に切り替わるので、小さいモニターで画像が表示しきれなかったり、画像が小さくなってしまったりする心配もありません。それぞれの画像の高さが異なっても、自動的にきれいに並べてくれます。

ブラウザでウィンドウサイズを変更しても画像を再配置してくれる

背景色を変えることでコンテンツに合わせたイメージを作ることができる

縦横の画像が混在していても自動で並べてくれる

アイキャッチ画像と連動しているので画像の登録が簡単

jQuery Profile

■ **対象ブラウザ**
IE 6 以上、Chrome 27、Safari 6.03、Firefox 3.6 以上

NAME The Wookmark jQuery Plugin
URL http://www.wookmark.com/jquery-plugin
DL http://www.impressjapan.jp/books/1112101139_4

フォルダ構成　［3438_WPjQ］-［Layout］-［11Wookmark jQuery Plugin］

制作の流れ

STEP 1 jQueryプラグインをサーバーにアップロードする

STEP 2 記事にアイキャッチ画像を登録する

STEP 3 WordPressの固定ページを作成する

STEP 1　jQueryプラグインをサーバーにアップロードする

1 jQueryプラグインとCSSファイルをサーバーにアップロードする

本書のダウンロードページからサンプルをダウンロードし、その中の「jquery.wookmark.min.js」をサーバーの「js」フォルダにアップロードします。

STEP 2　記事にアイキャッチ画像を登録する

1 ギャラリーに表示する画像の枚数分の記事を登録する

グリッド状に表示したい画像を登録します。画像は記事のアイキャッチ画像に登録したものが表示されるので、ギャラリーに表示したい画像の枚数分の記事を投稿する必要があります。ここでは「幅：200px」で作成した画像を使用しています。縦向きと横向きの画像が混在していても問題ありません。画像ファイル名をわかりやすい「dog01〜dog10.jpg」として10枚の画像を用意しました。

［ダッシュボード］画面で❶［投稿］-❷［新規追加］をクリックし、❸タイトルを入力します。❹［アイキャッチ画像を設定］をクリックして、❺［ファイルをアップロード］タブでドラッグ＆ドロップしてアップロードします。ここでは、10枚の画像をすべてアップロードします。

画像がアップロードされ10枚のサムネイルが表示されました。❻1枚目の画像を選択し、❼［アイキャッチ画像を選択］をクリックします。❽1枚目の画像を記事に登録できました。❾［公開］をクリックして記事を公開します。同様に、アイキャッチ画像を登録した記事を9件公開し、全部で記事を10件用意します。

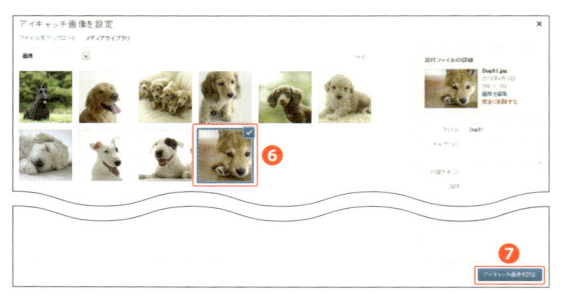

STEP 3　WordPressのテーマを編集する

1 ［フッター（footer.php）］に記述を追加する

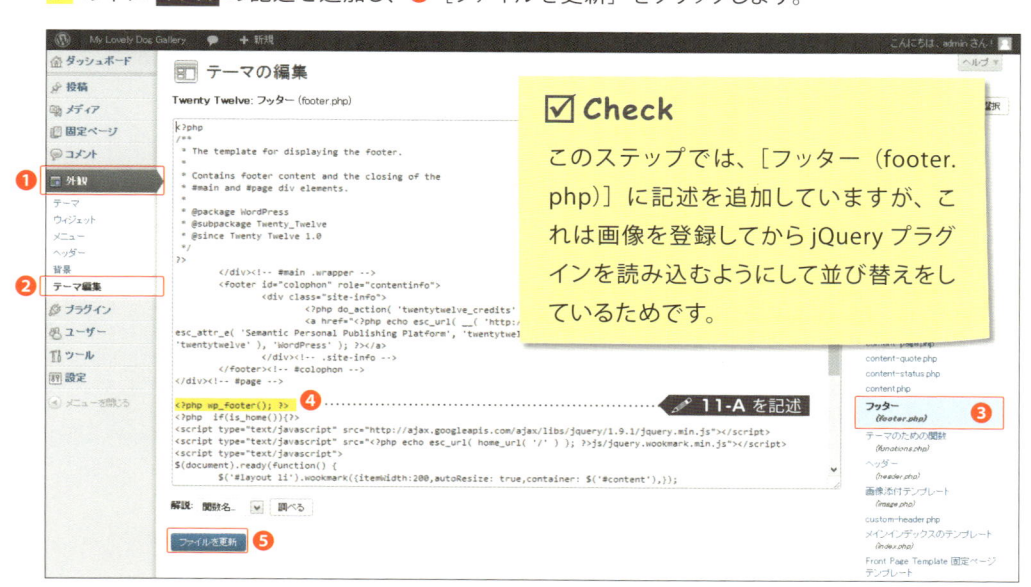

jQueryプラグインを読み込む記述を［フッター（footer.php）］に追加します。［ダッシュボード］画面で❶［外観］-❷［テーマの編集］をクリックして❸［フッター（footer.php）］をクリックします。ソースコードが表示されたら、❹ `<?php wp_footer(); ?>` の下に 11-A の記述を追加し、❺［ファイルを更新］をクリックします。

> ☑ **Check**
>
> このステップでは、［フッター（footer.php）］に記述を追加していますが、これは画像を登録してからjQueryプラグインを読み込むようにして並び替えをしているためです。

11-A　footer.php

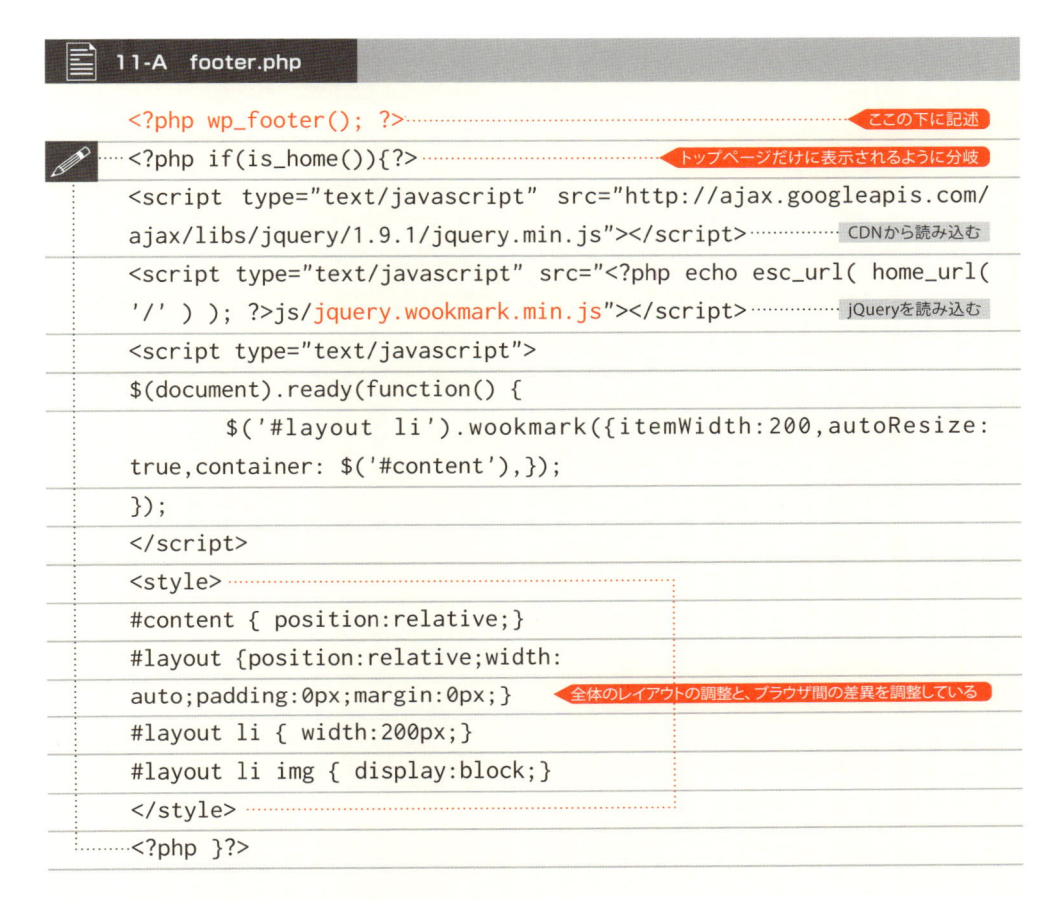

```php
<?php wp_footer(); ?>                                    ← ここの下に記述
<?php if(is_home()){?>                                   ← トップページだけに表示されるように分岐
<script type="text/javascript" src="http://ajax.googleapis.com/
ajax/libs/jquery/1.9.1/jquery.min.js"></script>          ← CDNから読み込む
<script type="text/javascript" src="<?php echo esc_url( home_url(
'/' ) ); ?>js/jquery.wookmark.min.js"></script>          ← jQueryを読み込む
<script type="text/javascript">
$(document).ready(function() {
        $('#layout li').wookmark({itemWidth:200,autoResize:
true,container: $('#content'),});
});
</script>
<style>
#content { position:relative;}
#layout {position:relative;width:
auto;padding:0px;margin:0px;}                            ← 全体のレイアウトの調整と、ブラウザ間の差異を調整している
#layout li { width:200px;}
#layout li img { display:block;}
</style>
<?php }?>
```

ギャラリーをトップページに読み込んで表示させる設定

> **◎Hint　トップページだけに表示されるように分岐する**
>
> `<?php if(is_home()){?>` の記述を追加することにより、トップページだけに効果が適用されます。この記述をしないと全ページが同じような表示になってしまいます。特定のカテゴリーページだけに適用したい場合は is_home(); の部分を is_category(カテゴリーID);、固定ページに適用したい場合は is_page(固定ページID); のように記述を変更しましょう。

2 トップページに画像だけが表示されるように［content.php］を編集する

テーマ「Twenty Twelve」の初期設定では、トップページに「アイキャッチ画像」「タイトル」「概要文」が表示されるように記述されています。画像をグリッド状に並べるために、［content.php］を編集します。［ダッシュボード］画面で、❶［外観］-❷［テーマ編集］をクリックして ❸［content.php］をクリックします。ソースコードが表示されたら、❹ ?> の下すべてを 11-B に差し替えます。

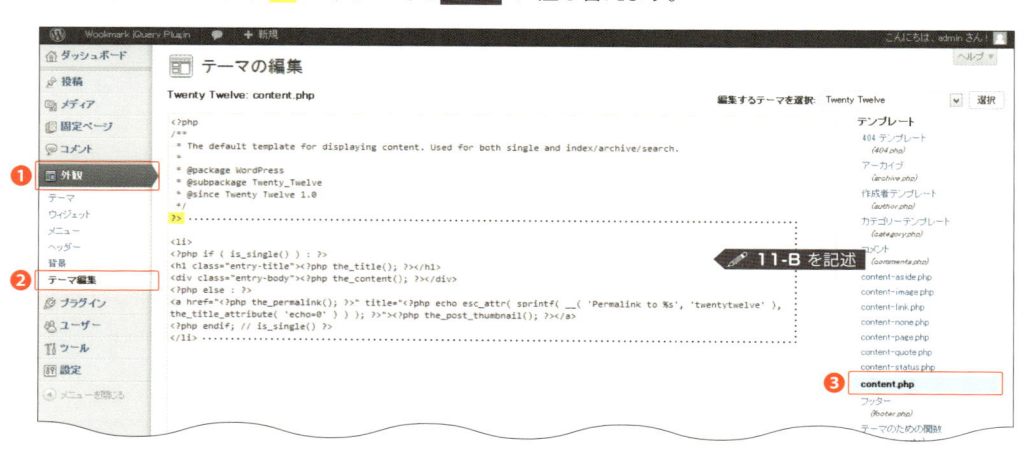

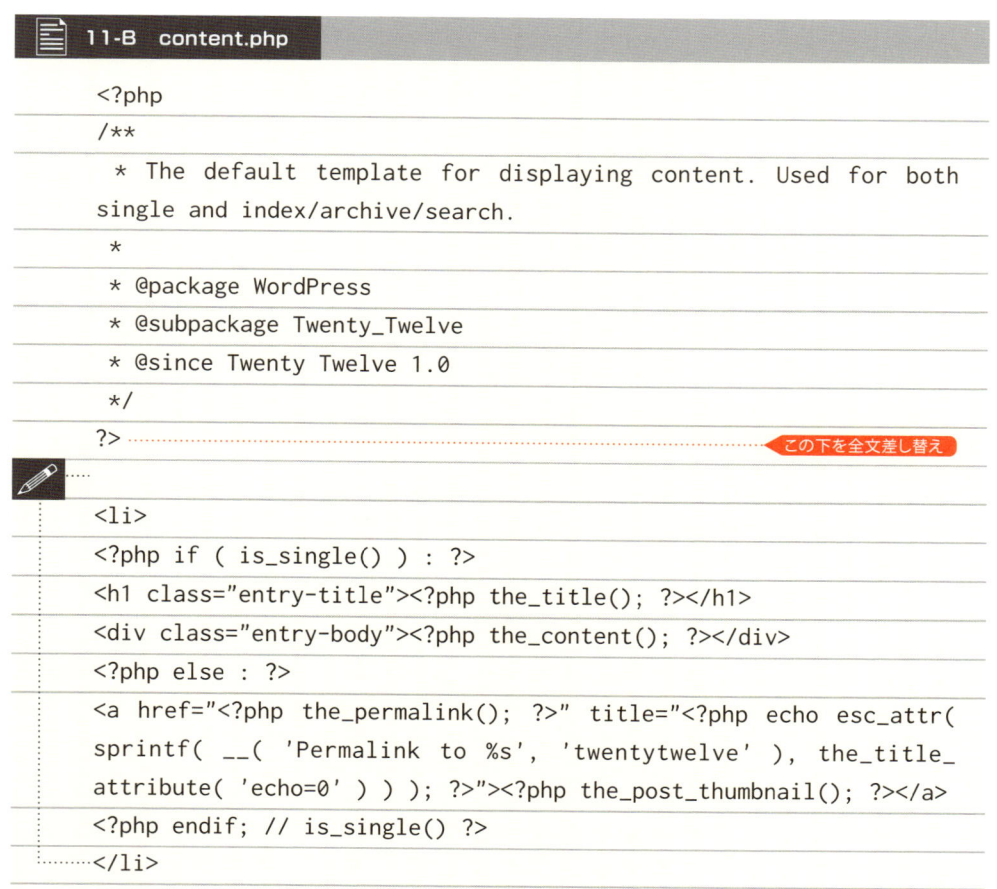

11-B content.php

```
<?php
/**
 * The default template for displaying content. Used for both single and index/archive/search.
 *
 * @package WordPress
 * @subpackage Twenty_Twelve
 * @since Twenty Twelve 1.0
 */
?>
```

この下を全文差し替え

```
<li>
<?php if ( is_single() ) : ?>
<h1 class="entry-title"><?php the_title(); ?></h1>
<div class="entry-body"><?php the_content(); ?></div>
<?php else : ?>
<a href="<?php the_permalink(); ?>" title="<?php echo esc_attr( sprintf( __( 'Permalink to %s', 'twentytwelve' ), the_title_attribute( 'echo=0' ) ) ); ?>"><?php the_post_thumbnail(); ?></a>
<?php endif; // is_single() ?>
</li>
```

3 トップページに表示される記事数を変更する

テーマ「TwentyTwelve」の初期設定では、トップページに表示される記事の上限が10件で設定されています。そのため記事を多く投稿してもトップページの画像が10個しか表示されず、[次の投稿へ]というリンクが表示されてしまいます。そこで、表示する記事の数を変更します。[ダッシュボード]画面で❶[設定]-❷[表示設定]をクリックして、❸[1ページに表示する最大投稿数]を20から30件程度ぐらいにします。多くしすぎると表示が重くなってしまうので注意しましょう。

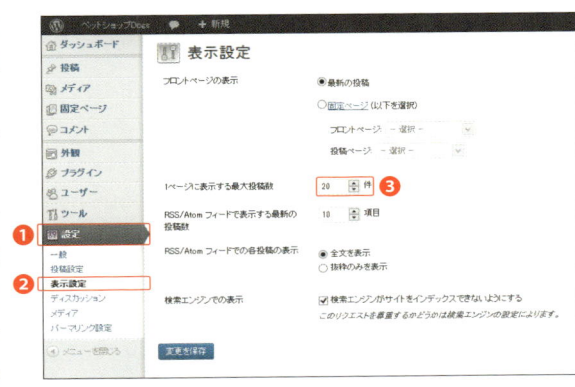

4 [メインインデックスのテンプレート（index.php）]を編集して画像をグリッド上に並べる

[ダッシュボード]画面で❶[外観]-❷[テーマの編集]-❸[メインインデックスのテンプレート(index.php)]をクリックします。ソースコードが表示されたら、画像をグリッド状に並べるために❹ `<?php if ( have_posts() ) :?>` の下に 11-C の赤字の追加部分のみを記述して❺[ファイルを更新]をクリックします。

11-C　index.php

```
<?php if ( have_posts() ) : ?>         この下に記述する
<ul id="layout">                        追加
<?php /* Start the Loop */ ?>
<?php while ( have_posts() ) : the_post(); ?>
<?php get_template_part( 'content', get_post_format() );
?>
<?php endwhile; ?>
</ul>                                   追加
<?php twentytwelve_content_nav( 'nav-below' ); ?>
<?php else : ?>
```

<?php if (have_posts()) : ?> の下と if 分が終わるところに ul を記述

続けて全画面表示にするために、［メインインデックスのテンプレート（index.php）］の下部にある 11-D の記述 `<?php get_sidebar(); ?>` を削除します。これでテーマ「TwentyTwelve」の初期設定で表示されているトップページの右サイドバーを削除できました。さらにメインエリアのサイズを制御している記述を 11-E のように変更します。

11-D　index.php

```
<?php get_sidebar(); ?>                記述を削除
```

index.php の下部に記述されているこのソースを削除する

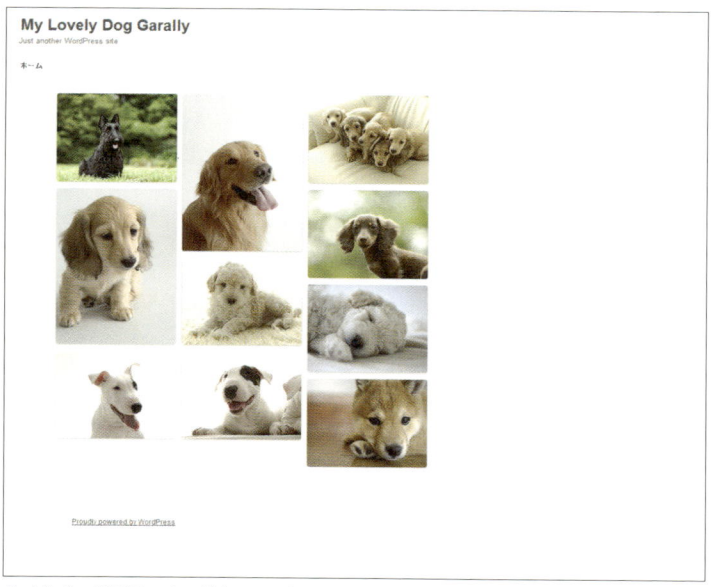

サイドバーが削除でき、横幅いっぱいに表示されるようになった

LAYOUT

| レイアウト

11-E index.php　≫≫ before

```
<div id="primary" class="site-content">
```

11-E index.php　after ≫≫

```
<div id="primary">
```

get_header(); ?> の下に記述されている「class ="site-content"」を削除する

👁 Hint キャッチフレーズを削除する

WorsPress をインストールした初期の状態では、タイトルの下にキャッチフレーズが入力されてます。ここでは必要がないので削除します。❶［ダッシュボード］画面で、❷［サイトをカスタマイズ］をクリックして❸［サイトタイトルとキャッチフレーズ］で「サイトのタイトル」に任意でタイトルを入力し、❹「キャッチフレーズ」を削除します。❺［保存して公開］をクリックします。❻［閉じる］をクリックして閉じます。

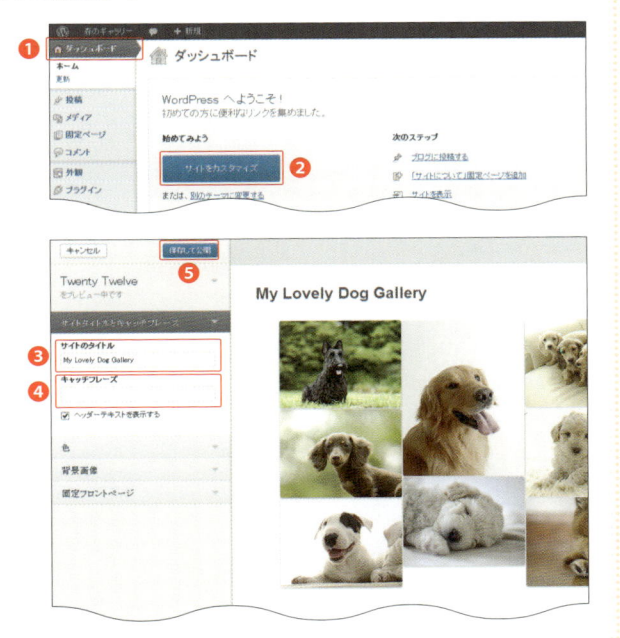

🟠 完 成

キャッチフレーズが削除できた

11 画像を画面いっぱいに配置してギャラリーページを作る

5 表示領域の余白を調整するため［スタイルシート（style.css）］を編集する

トップページの上下左右の余白を最大限に利用するため、スタイルシート（style.css）で指定されている横幅をコメントアウトすると読み込まれなくなります。［ダッシュボード］画面で❶［外観］-❷［テーマ編集］をクリックして❸［スタイルシート（style.css）］をクリックします。ソースコードが表示されたら❹ 11-F の .site { の記述を探して幅の指定をコメントアウトします。また、画像が最適な位置に配置されるように、最終行に 11-G の記述を追加して❺［ファイルを更新］をクリックします。

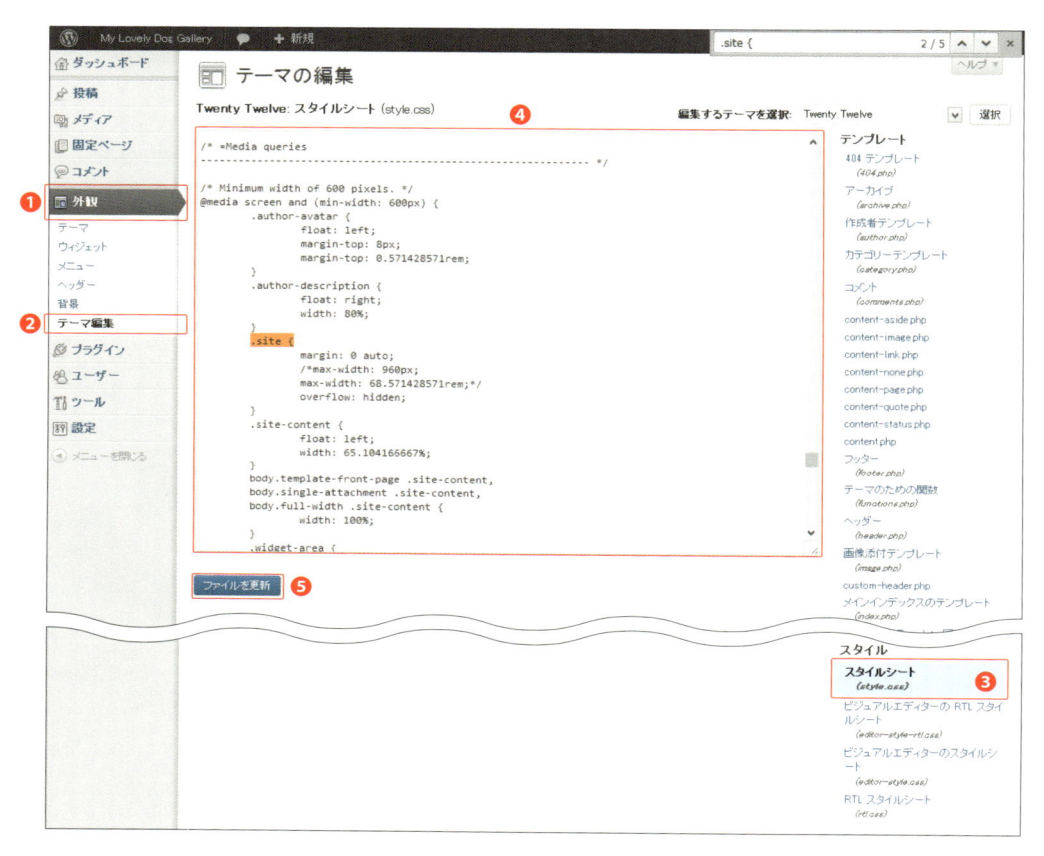

LAYOUT

11-F style.css

```
.site {
    margin: 0 auto;
    /*max-width: 960px;              ……………… 行頭に「/*」を追加
    max-width: 68.571428571rem;*/    ……………… 行末に「*/」を追加
    overflow: hidden;
}
```

これにより横幅 960px 以上のモニターで全画面表示しても横幅いっぱいに表示できるようになる

Hint コメントアウトの記述

ソースコードを編集した際、読み込ませたくない記述は、はじめに「/*」、最後に「*/」を記述して読み込まれないようにすることができます。ソースコードを削除して元に戻せなくなるのを避けるためにも有効です。

11-G

```css
.comments-area article header cite,
.comments-area article header time {
        margin-left: 50px;
        margin-left: 3.57142857rem;
    }
}
#main { position:relative;} ……追加
```

style.css の最終行に追加する

完成

Webブラウザで表示すると横幅に広げて表示した場合（左）と縦に表示した場合（右）を見てもデザインが崩れることなく、画像を読み込み配置することができる

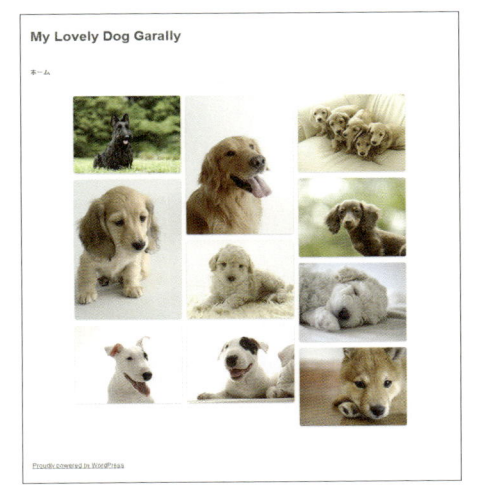

Hint テキストの検索

スタイルシートの記述は非常に長いため、 11-F の場所を見つけにくいかもしれません。そんなときは、Web ブラウザの検索機能を使うと便利です。 Ctrl キー を押しながら F キーを押すと上部に検索ウィンドウが表示されるので、「.site {」などで検索してみましょう。

6 [ヘッダー（header.php）] を編集してグローバルメニューを削除する

グローバルメニューを削除するために、[ヘッダー（header.php）]を編集します。グローバルメニューを残しておく場合はこの手順は必要ありません。[ダッシュボード]画面で❶[外観]-❷[テーマ編集]をクリックして❸[ヘッダー（header.php）]をクリックします。ソースコードが表示されたら、❹ `</hgroup>` の下から `</nav><!-- #site-navigation-->` の前までを削除して❺[ファイルを更新]をクリックします。一度削除すると戻すことができないので、戻す可能性がある場合はソースコードをコピーしておきましょう。

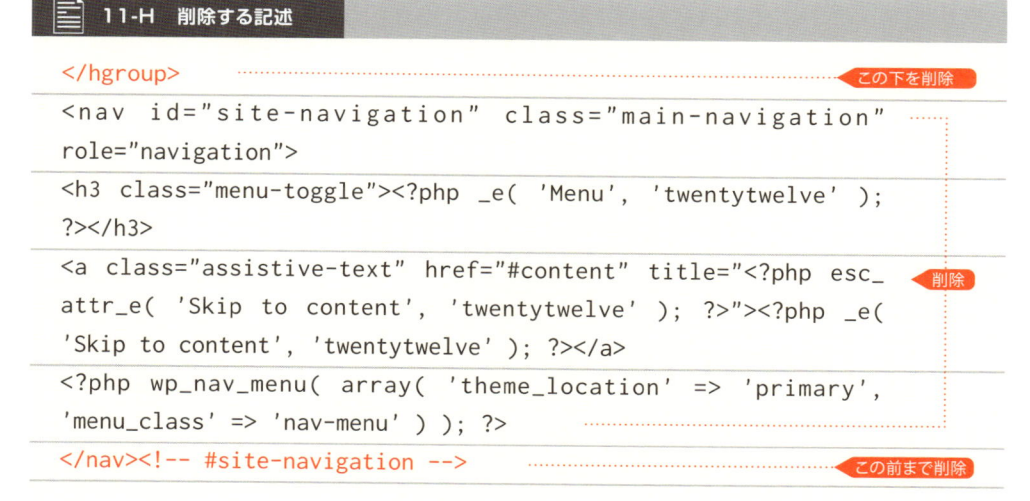

11-H 削除する記述

```
</hgroup>
```
この下を削除

```
<nav id="site-navigation" class="main-navigation" role="navigation">

<h3 class="menu-toggle"><?php _e( 'Menu', 'twentytwelve' ); ?></h3>

<a class="assistive-text" href="#content" title="<?php esc_attr_e( 'Skip to content', 'twentytwelve' ); ?>"><?php _e( 'Skip to content', 'twentytwelve' ); ?></a>

<?php wp_nav_menu( array( 'theme_location' => 'primary', 'menu_class' => 'nav-menu' ) ); ?>
```
削除

```
</nav><!-- #site-navigation -->
```
この前まで削除

グローバルメニューのソースコードをすべて削除する

○ 完 成

ギャラリーが作成できた。掲載する画像は、縦の画像、横の画像を混在してアップロードすると効果的。ブラウザの表示領域を変えてもバランスよく配置が変更されて表示できる

Column

背景を工夫してみよう

ギャラリーができたら写真に合わせて背景も工夫しましょう。色を変えたり、イメージ画像を設定したりすることでより魅力的なギャラリーに変わります。［ダッシュボード］画面で❶［外観］-❷［背景］を選択します。表示オプションで、❸［色を選択］をクリックします。ここでは❹［#dda4a4］を入力して❺［変更を保存］をクリックします。色が付くとだいぶイメージが変わります。画像を背景に設定するには、［画像を選択する］からファイルを選択してください。

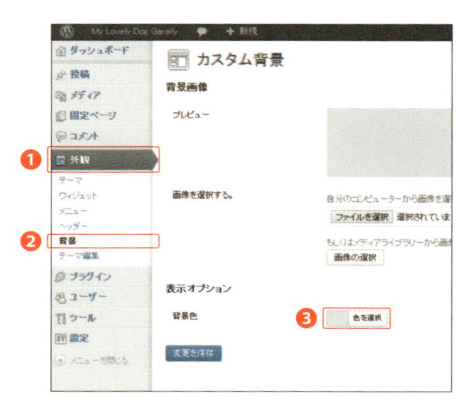

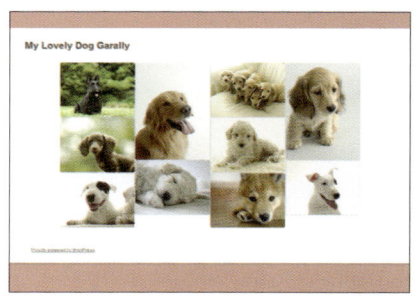

レイアウト 12
画面全体に画像を表示して大きなスライドショーとして見せる

使用するjQuery ▶ Supersized

Webサイト上に全画面スライドショーを実装できる

ナビゲーションやサムネイルも実装できる

画像を全画面のスライドショーとして表示します。ただ見せるだけのスライドショーとは異なり、再生・停止ボタンや前後の画像を知らせるサムネイルを表示させることができ、プレビューソフトで再生しているような操作感を実現できます。

スマートフォンでも表示できる

両サイドにサムネイルを表示

再生、停止ボタン

LAYOUT

jQuery Profile

■ 対象ブラウザ
IE7 以上、Safari 6.03、Chrome27、Firefox 22

NAME Supersized
URL http://buildinternet.com/project/supersized/
DL http://buildinternet.com/project/supersized/download.html
http://www.impressjapan.jp/books/1112101139_4

フォルダ構成 ［3438_WPjQ］-［Layout］-［12Supersized］

制作の流れ

STEP 1 jQuery プラグインをサーバーにアップロードする

STEP 2 表示する画像を準備して投稿する

STEP 3 WordPressのテーマを編集する

STEP 4 記事と連動させる

STEPUP カスタマイズ サムネイルやナビゲーションアイテムを追加する

STEP 1　jQuery プラグインをサーバーにアップロードする

1　jQuery プラグインをダウンロードする

jQuery プラグイン作者のページ（http://buildinternet.com/project/supersized/download．html）から Supersized をダウンロードします。ファイルには、「core」「flickr」「slideshow」の3つのフォルダがありますが、ここでは「slideshow」を利用します。

2　jQuery プラグインをサーバーにアップロードする

「supersized.3.2.7.min.js」と「supersized.shutter.min.js」をサーバーの「js」フォルダに、「supersized.css」と「supersized.shutter.css」をサーバーの「css」フォルダにそれぞれアップロードします。さらに「img」フォルダ内の画像ファイルを「img」フォルダごとサーバーにアップロードします。すでに「img」フォルダがある場合は、フォルダ内の画像ファイルだけ「img」フォルダにアップロードしてください。

STEP 2　表示する画像を準備して投稿する

1　表示する画像を準備する

スライドショーに表示する画像ファイルを用意します。表示する画像は、大きなウィンドウサイズで表示されても粗く見えないように「幅：1000px」以上のサイズで作成しておきましょう。作例では「横：1024px、縦：714px」の「SlideA.jpg」「SlideB.jpg」「SlideC.jpg」の3枚の画像を用意しました。

2 記事にアイキャッチ画像を登録する

［ダッシュボード］画面で❶［投稿］-❷［新規追加］をクリックして、［新規投稿の追加］画面で、❸記事のタイトルを入力します。続けてスライドショーに表示する画像をアイキャッチ画像として登録します。❹［アイキャッチ画像を設定］をクリックして、❺画像をドラッグ＆ドロップするか［ファイルを選択］からアップロードします。

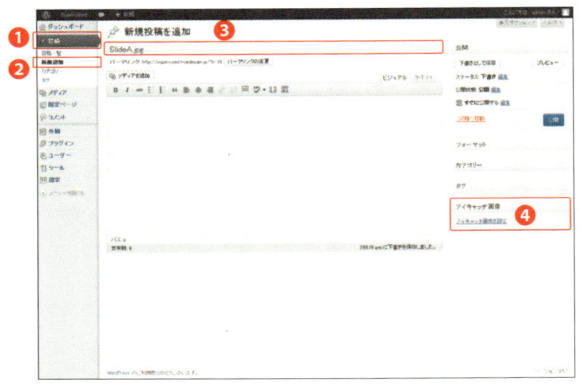

画像がアップロードされてサムネイルが表示されたら、❻画像を選択して、❼［アイキャッチ画像を設定］をクリックすると、❽画像が登録されます。❾［公開］をクリックして記事を公開します。同様にほかの2枚の画像も登録します。

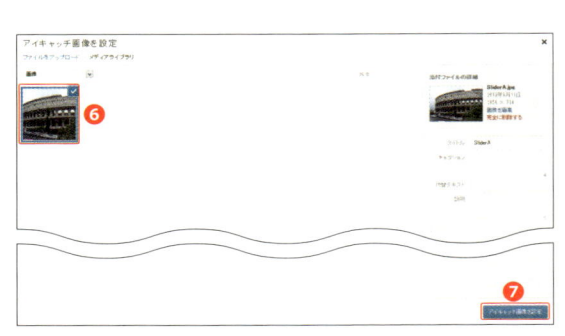

3 登録した画像の URL を確認する

STEP 3-1 の手順でソースコードに画像の URL を記述するため、ここでコピーしておきます。[ダッシュボード]画面で❶[メディア] - ❷[ライブラリ]をクリックし、❸画像のファイル名をクリックして[メディアを編集]画面の❹[ファイルの URL]をコピーしておきます。同様にほかの 2 枚の画像の URL も確認しておきましょう。

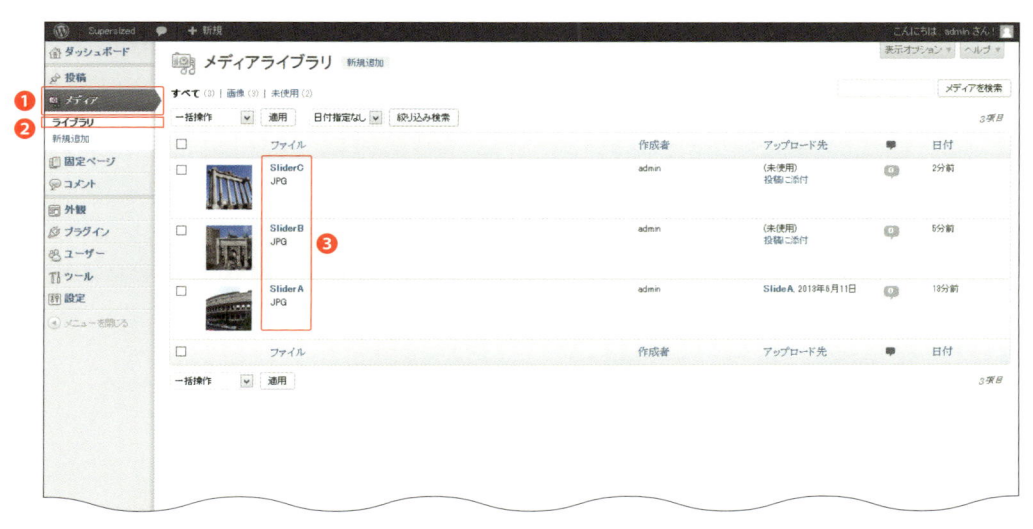

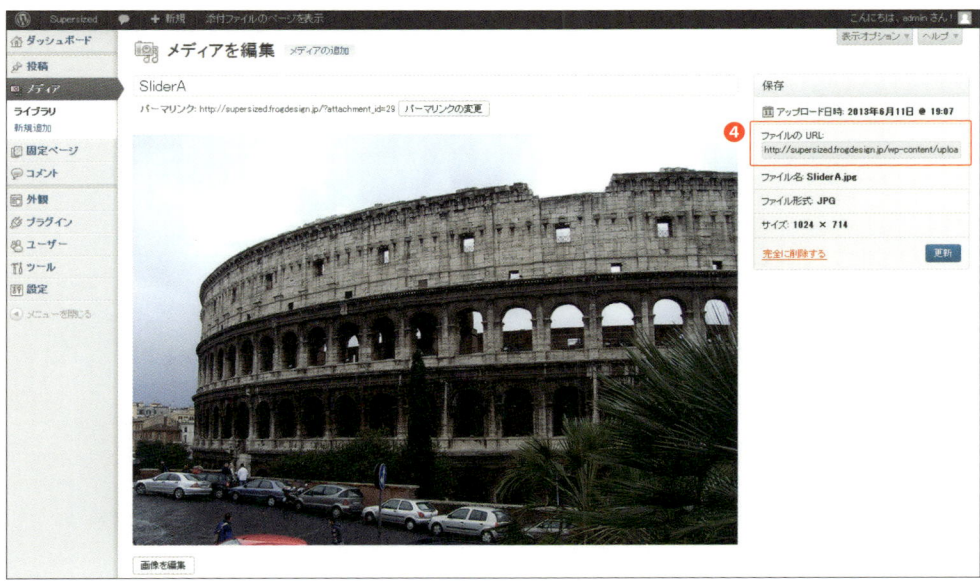

STEP 3　WordPress のテーマを編集する

1 jQuery プラグインと CSS を読み込む記述を追加する

jQuery プラグインを WordPress が読み込めるようにテーマの［ヘッダー（header.php）］を編集します。［ダッシュボード］画面で、❶［外観］-❷［テーマ編集］をクリックして❸［ヘッダー（header.php）］をクリックします。ソースコードが表示されたら、❹ `<?php wp_head(); ?>` の記述の下に 12-A のように記述を追加します。「画像のパス」には、STEP 2-3 でコピーした画像の URL を、「title」には、STEP 2-2 で入力した記事のタイトルを、「リンク先」には、画像をクリックした際に表示させたいページの URL を記述します。ほかの 2 枚の画像についても同様に記述して❺［ファイルを更新］をクリックします。

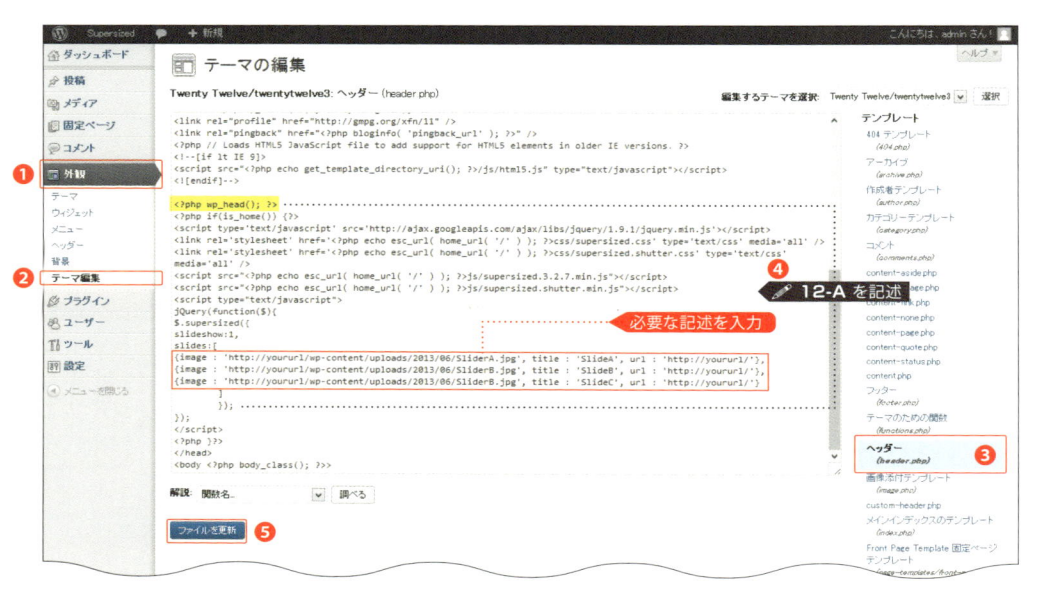

12-A　header.php

```
<?php wp_head(); ?>            ……この下に記述する

<?php if(is_home()) {?>

<script type='text/javascript' src='http://ajax.
googleapis.com/ajax/libs/jquery/1.9.1/jquery.min.js'></
script>

<link rel='stylesheet' href='<?php echo esc_url( home_
url( '/' ) ); ?>css/supersized.css' type='text/css'
media='all' />            ……CSS を読み込む

<link rel='stylesheet' href='<?php echo esc_url( home_
url( '/' ) ); ?>css/supersized.shutter.css' type='text/
css' media='all' />            ……jQueryを読み込む

<script src="<?php echo esc_url( home_url( '/' ) ); ?>js/
supersized.3.2.7.min.js"></script>            ……jQueryを読み込む
```

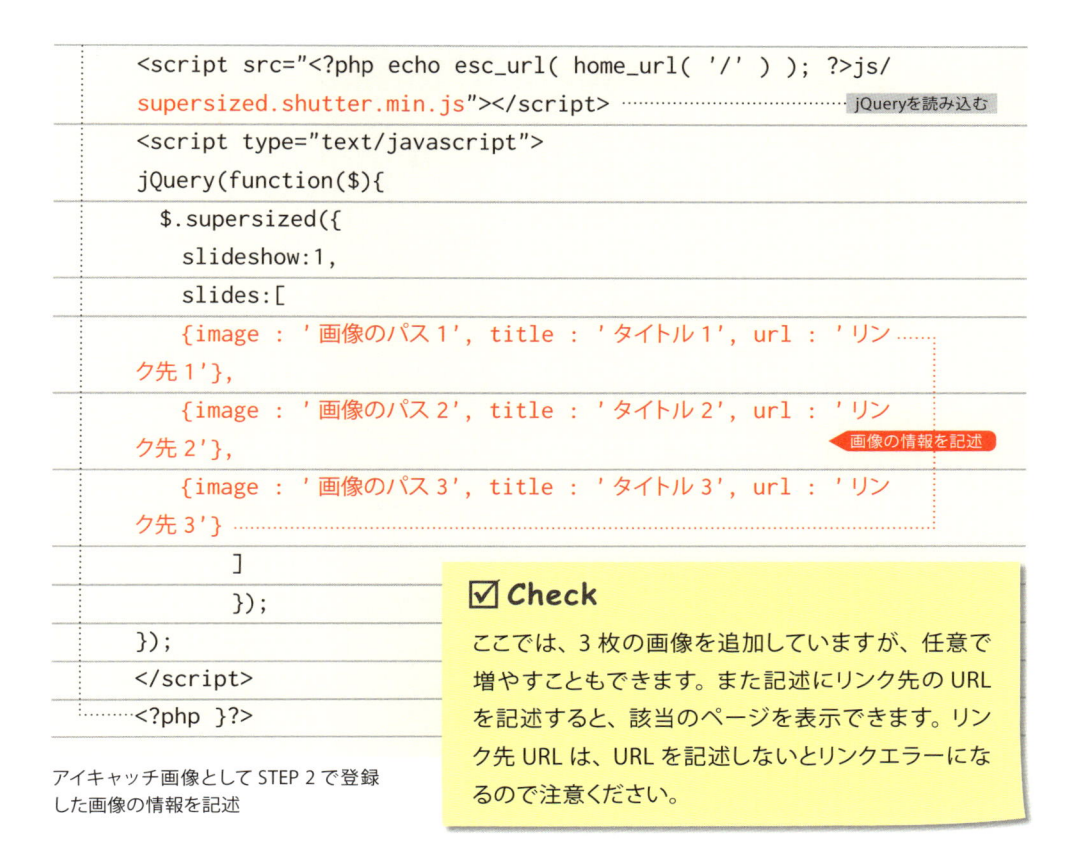

```
<script src="<?php echo esc_url( home_url( '/' ) ); ?>js/
supersized.shutter.min.js"></script>                  ← jQueryを読み込む
<script type="text/javascript">
  jQuery(function($){
    $.supersized({
      slideshow:1,
      slides:[
        {image : '画像のパス1', title : 'タイトル1', url : 'リン
ク先1'},
        {image : '画像のパス2', title : 'タイトル2', url : 'リン
ク先2'},                                               ← 画像の情報を記述
        {image : '画像のパス3', title : 'タイトル3', url : 'リン
ク先3'}
      ]
    });
  });
</script>
<?php }?>
```

アイキャッチ画像として STEP 2 で登録した画像の情報を記述

> ☑ **Check**
>
> ここでは、3 枚の画像を追加していますが、任意で増やすこともできます。また記述にリンク先の URL を記述すると、該当のページを表示できます。リンク先 URL は、URL を記述しないとリンクエラーになるので注意ください。

2 [メインインデックスのテンプレート（index.php）] を編集する

読み込んだ画像にコントロールバーを表示します。［ダッシュボード］画面で❶［外観］-❷［テーマ編集］をクリックして❸［メインインデックスのテンプレート（index.php）］をクリックします。ソースコードが表示されたら、❹ `get_header(); ?>` 以下にある記述をすべて削除し、次ページの **12-B** に差し替えて❺［ファイルを更新］をクリックします。

12-B index.php

```php
get_header(); ?>   ……………………………… この下に記述する
<?php if ( is_single() ) : ?>
<h1 class="entry-title"><?php the_title(); ?></h1>
<?php the_content( __( 'Continue reading <span class="meta-nav">&rarr;</span>', 'twentytwelve' ) ); ?>
<?php endif; ?>
<?php if ( is_home() ) : ?>
<!--Control Bar-->
<div id="controls-wrapper" class="load-item">
  <div id="controls">
    <a id="play-button"><img id="pauseplay" src="<?php echo esc_url( home_url( '/' ) ); ?>img/pause.png"/></a>
    <div id="slidecounter">
      <span class="slidenumber"></span> / <span class="totalslides"></span>
    </div>
    <div id="slidecaption"></div>
     <a id="tray-button"><img id="tray-arrow" src="<?php echo esc_url( home_url( '/' ) ); ?>img/button-tray-up.png"/></a>
   </div>
</div>
<?php endif; ?>
</body>
</html>
```

ここまでの状態では、ヘッダーとグローバルメニューが表示された状態になる

3 ヘッダーとグローバルメニューを削除する

不要なヘッダーとグローバルメニューを削除するために［ヘッダー（header.php）］を編集します。❶［ヘッダー（header.php）］をクリックしてソースコードが表示されたら❷ `<body <?php body_class(); ?>>` の下に 12-C の記述を追加して❸［ファイルを更新］をクリックします。

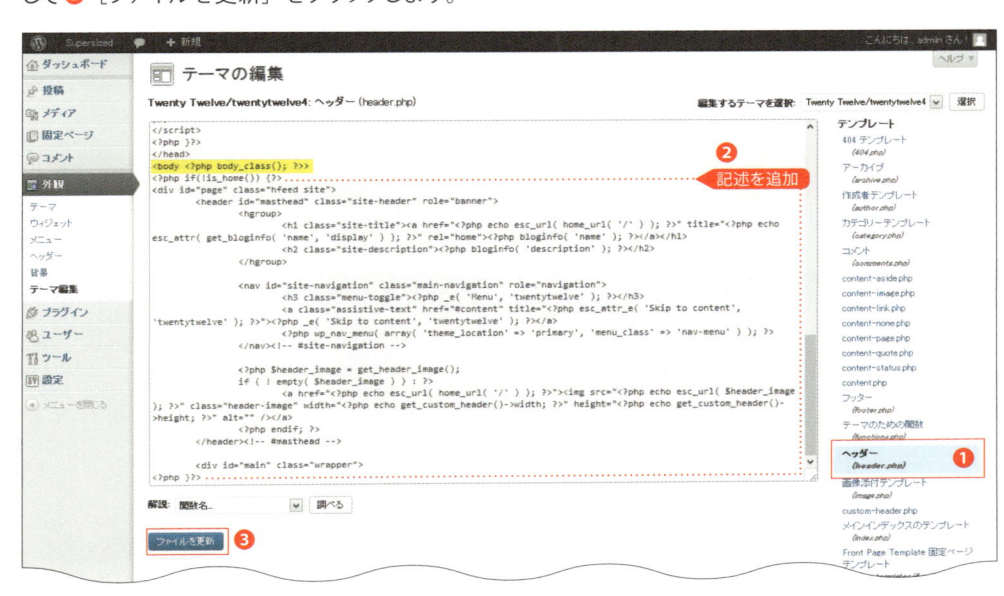

12-C　header.php

```
<body <?php body_class(); ?>>
```
……………この下に記述する

```
<?php if(!is_home()) {?>
```

```
<?php }?>
```
……………ソースコードの最終行に追加

ここでは、全画面表示した画像がオーバーラップしながら切り替わり、下部には、タイトルやナビゲーションバーも表示される。表示された全画面の画像をクリックするとリンク先のページが表示される

画面全体に画像を表示して大きなスライドショーとして見せる

STEP 4 記事と連動させる

1 [ヘッダー（header.php）] を編集する

スライドショーに表示させる画像は、投稿画像と連動させることができます。ここでは、アイキャッチ画像を登録した記事がすべてスライドショーに反映され、アイキャッチ画像を登録した記事と同じ枚数のスライドが表示される設定になります。特定の画像を決まった枚数で反映させたい場合は STEP 4 の手順は行わないでください。［ダッシュボード］画面で❶［外観］-❷［テーマ編集］をクリックして、❸［ヘッダー（header.php）］をクリックします。ソースコードが表示されたら、❹ STEP 3-1 で記述した 12-A の記述❹の部分を 12-D に書き替えて❺［ファイルを更新］をクリックします。

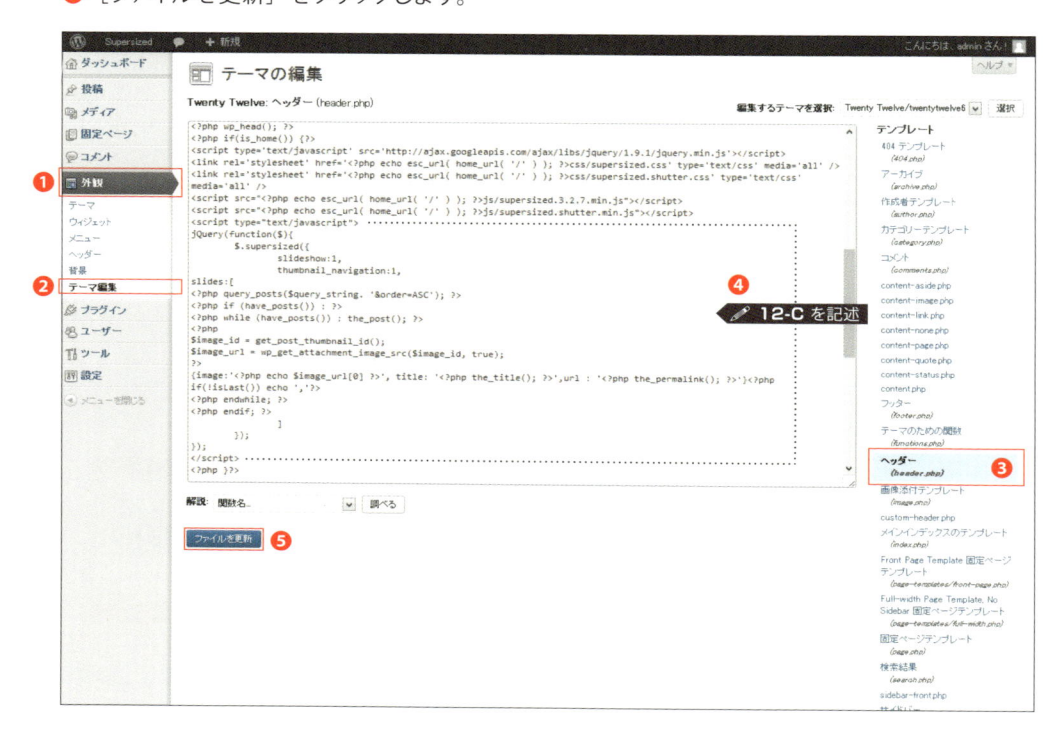

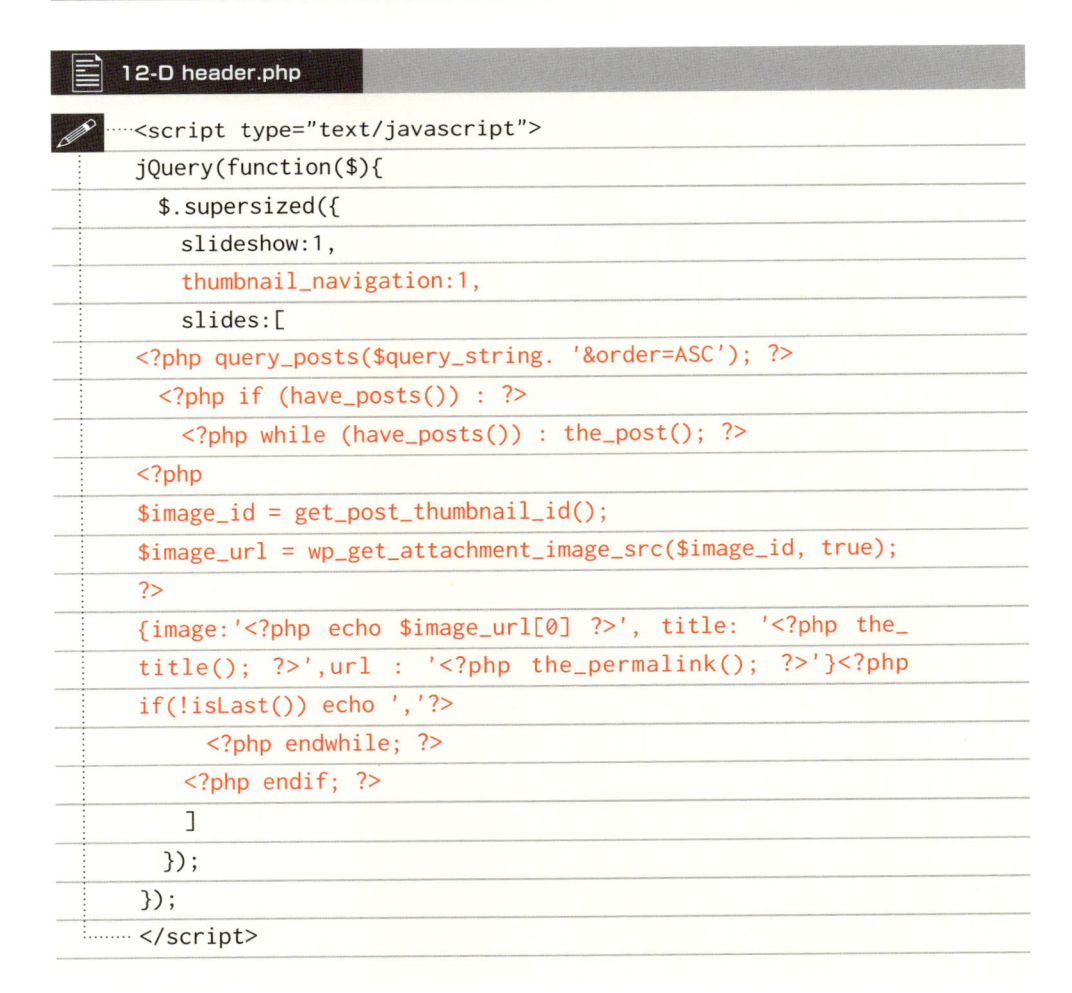

12-A　header.php

```
<script type="text/javascript">
jQuery(function($){
  $.supersized({
    slideshow:1,
    slides:[
      {image : '画像のパス1', title : 'タイトル1', url : 'リンク先1'},
      {image : '画像のパス2', title : 'タイトル2', url : 'リンク先2'},
      {image : '画像のパス3', title : 'タイトル2', url : 'リンク先3'}
    ]
  });
});
</script>
```

Ⓐ

12-D　header.php

```
<script type="text/javascript">
    jQuery(function($){
      $.supersized({
        slideshow:1,
        thumbnail_navigation:1,
        slides:[
<?php query_posts($query_string. '&order=ASC'); ?>
  <?php if (have_posts()) : ?>
    <?php while (have_posts()) : the_post(); ?>
<?php
$image_id = get_post_thumbnail_id();
$image_url = wp_get_attachment_image_src($image_id, true);
?>
{image:'<?php echo $image_url[0] ?>', title: '<?php the_title(); ?>',url : '<?php the_permalink(); ?>'}<?php if(!isLast()) echo ','?>
      <?php endwhile; ?>
    <?php endif; ?>
        ]
      });
    });
</script>
```

レイアウト

12

画面全体に画像を表示して大きなスライドショーとして見せる

155

2 [テーマのための関数（functions.php）] を編集する

最後の投稿を判別することで、STEP 2-2と同様にアイキャッチ画像を登録した記事を公開するたびに写真がスライドショーに追加されるように設定します。❶［テーマのための関数（functions.php）］をクリックし、ソースコードが表示されたら、❷最後の行に 12-E の記述を追加して❸［ファイルを更新］をクリックします。

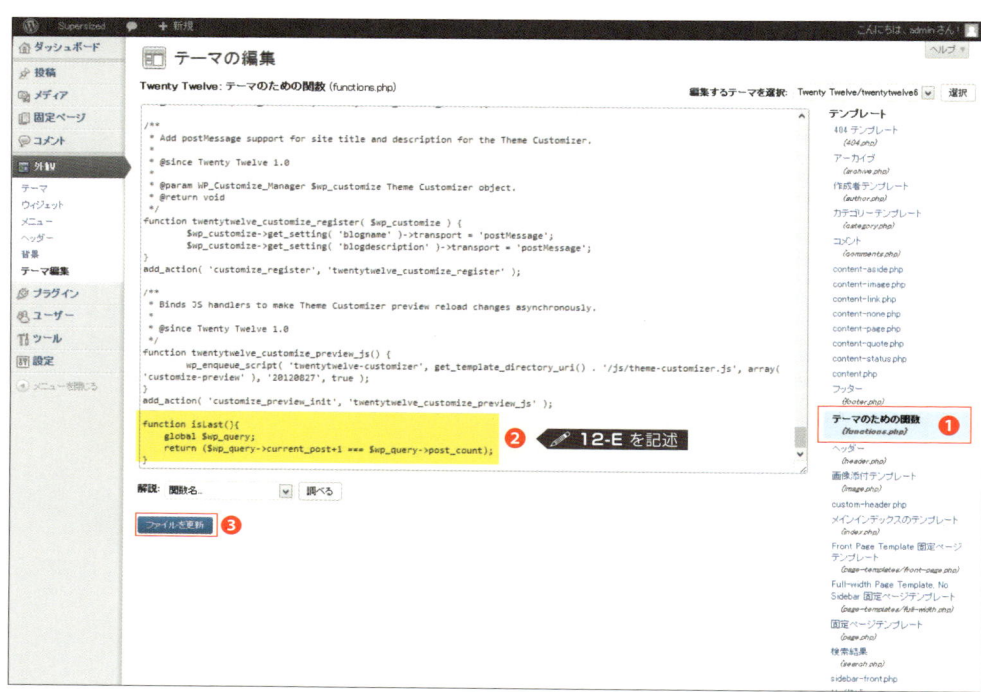

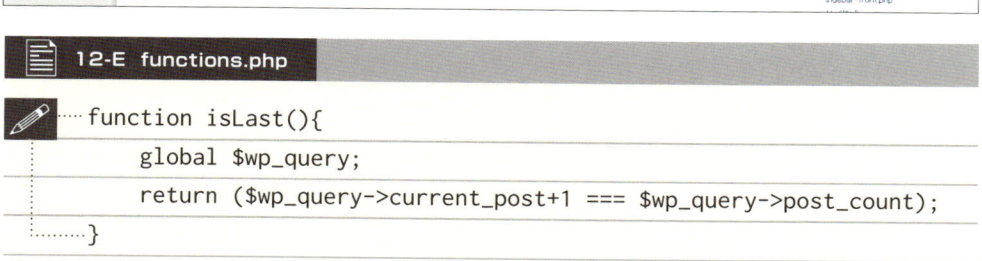

12-E functions.php

```
function isLast(){
    global $wp_query;
    return ($wp_query->current_post+1 === $wp_query->post_count);
}
```

◎ 完 成

投稿記事と連動して画像が表示された。記事のタイトルが左下に表示され、何を表示しているのかわかる。記事の投稿数を増やして表示する画像を増やすこともできる

|レイアウト

12 画面全体に画像を表示して大きなスライドショーとして見せる

157

STEPUPカスタマイズ　サムネイルやナビゲーションアイテムを追加

1 ［メインインデックスのテンプレート（index.php）］を編集する

スライドショーの左右に表示するサムネイルと矢印やプログレスバーなどのナビゲーションアイテムを追加します。［ダッシュボード］画面で、❶［外観］-❷［テーマ編集］をクリックして❸［メインインデックスのテンプレート（index.php）］をクリックします。❹`<?php if ( is_home() ) : ?>`の下に 12-F の記述を追加して❺［ファイルを更新］をクリックします。

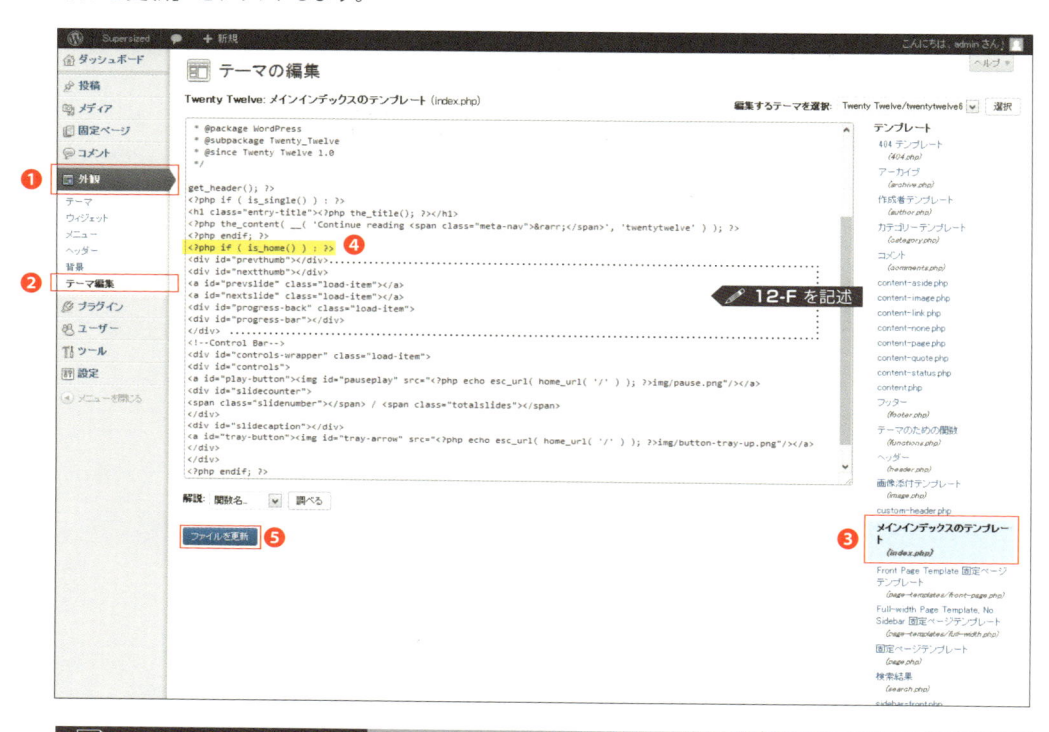

12-F　index.php

```
<?php if ( is_home() ) : ?>          ……この下に記述を追加する
<div id="prevthumb"></div>
<div id="nextthumb"></div>
<a id="prevslide" class="load-item"></a>
<a id="nextslide" class="load-item"></a>          ……オプションを追加
<div id="progress-back" class="load-item">
<div id="progress-bar"></div>
</div>
```

完成

画面の左右下に表示される画像のサムネイルも自動で切り替わる

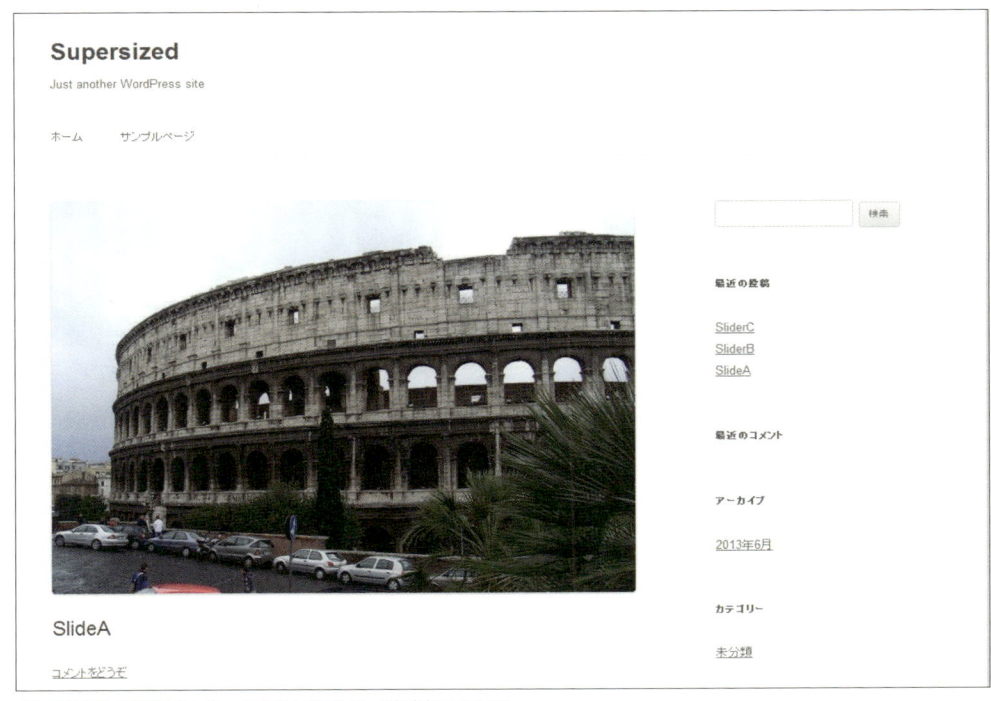

全画面表示の写真をクリックすると記事ページが表示される

レイアウト 13 横にスクロールする画廊のようなページをつくる

使用するjQuery　**x-rhyme.js**

モニターのサイズを問わず横のスクロールバーが表示されない

投稿した画像に影を付けると立体的に見せられる

端まできたらメニューをクリックして最初に戻ることができる

マウスでスクロールすると画面が横に遷移して、美術館で絵画を見ているように画像を表示することができます。画像にタイトルや説明を付けて、まるで画廊に絵や写真を飾っているかのように見せることもできます。メニューの日時をクリックすると関連する画像にジャンプします。横スクロールのアニメーションは、Easing プラグインを利用します。

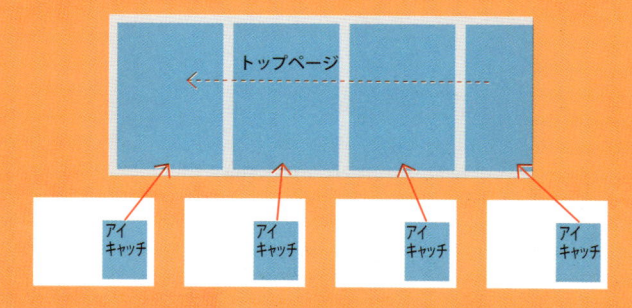

jQuery Profile

■対象ブラウザ
IE 8 以上、Safari 4 以上、Chrome 27、Firefox 3.5 以上、Opera 11 以上

NAME　x-rhyme.js

URL　https://github.com/lancee/x-rhyme.js

DL　http://www.impressjapan.jp/books/1112101139_4

フォルダ構成［3438_WPJQ］-［Layout］-［13x-rhyme.js］

制作の流れ

STEP 1 jQuery プラグインをサーバーにアップロードする

STEP 2 ギャラリーに表示させる画像の記事を投稿する

STEP 3 WordPress のテーマを編集する

STEPUP カスタマイズ メニューの項目とギャラリーの画像を連携させる

STEP 1　jQuery プラグインをサーバーにアップロードする

1　JavaScript ファイルと CSS ファイルをアップロードする

本書のダウンロードページからサンプルをダウンロードし、その中の「jquery.xrhyme.1.0.1.min.js」のファイルをサーバーの「js」フォルダにアップロードします。次に「bg.jpg」をサーバーの「images」フォルダへアップロードします。フォルダを作成していない場合は、フォルダごとアップロードします。さらに「css」フォルダの「style.css」と「xrhyme.css」をサーバーの「css」フォルダにアップロードします。「style.css」は、本書オリジナルのファイルです。この「style.css」では、画像の指定フォルダ名が「images」となっています。異なるフォルダ名の場合は、それぞれの環境に合わせて変更してください。

style.css
```css
body { background: #56963F url(../images/bg.jpg) 0 0 repeat-x; }
```

フォルダ名を確認する。ここでは images フォルダに bg.jpg 画像をアップロードしている

2　キャッチフレーズを削除する

WordPress をインストールした初期の状態では、タイトルの下にキャッチフレーズが入力されてます。ここでは必要ないので削除します。❶［ダッシュボード］画面で、❷［サイトをカスタマイズ］をクリックして［サイトタイトルとキャッチフレーズ］で❸［サイトのタイトル］に任意でタイトルを入力し、❹［キャッチフレーズ］を削除します。❺［保存して公開］をクリックし、［閉じる］をクリックして閉じます。

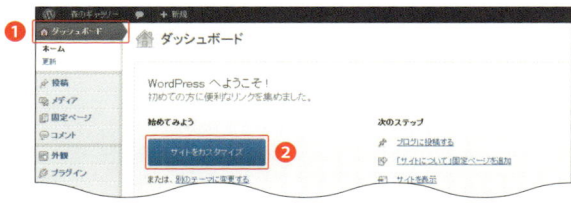

STEP 2　ギャラリーに表示させる画像の記事を投稿する

1 切り替えて表示する画像を用意する

ギャラリーに表示させる画像を用意します。画像のサイズは、ここでは「高さ300px、幅同比率の画像」で作成しています。画像がトップページのメニューの下に配置できるようにするため、大きすぎるとデザインが崩れてしまうので、高さは300px 程度にしておきましょう。画像のファイル名は、「flower1.jpg」〜「flower4.jpg」としています。

2 ギャラリーに表示する画像の記事を作成する

[ダッシュボード]画面で❶[投稿]-❷[新規追加]をクリックして❸タイトルと本文を入力します。本文は、表示されたときに長い文章だと見づらくなってしまうため、できるだけ簡素な情報を入れる程度にしておきます。入力できたら画像を登録するため❹[アイキャッチ画像を設定]をクリックします。

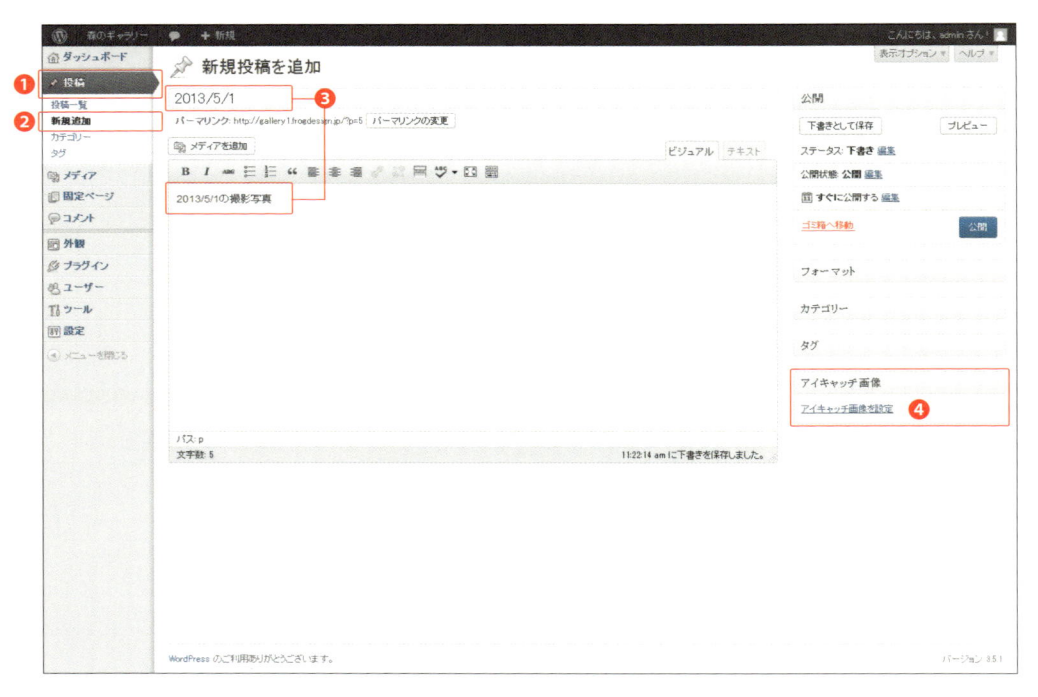

❺[ファイルをアップロード]タブから、画像をドラッグ＆ドロップするか[ファイルを選択]をクリックしてアップロードします。

❻アップロードが終わってサムネイルが表示されたら、画像を選択して、❼［アイキャッチ画像を設定］をクリックします。❽［公開］をクリックしてページを確認すると投稿ページが画像とともに表示されているのがわかります。残りの3枚の画像も同様に、記事の［アイキャッチ画像］として登録し、記事を公開しておきます。

アイキャッチ画像を設定した記事を投稿できた

STEP 3　WordPressのテーマを編集する

1 ［ヘッダー（header.php）］を編集する

jQueryプラグインを読み込む記述を追加します。［ダッシュボード］画面で❶［外観］-❷［テーマ編集］-❸［ヘッダー（header.php）］をクリックします。ソースコードが表示されたら、❹ <?php wp_head(); ?> の下に 13-A を記述します。さらに全画面で表示するために画面の横幅を固定せずにブラウザの幅に合わせるようにします。ソースコード内の 13-C の記述を検索し、「site」を削除して❺［ファイルを更新］をクリックします。

13-A　header.php

```
<?php wp_head(); ?>                                           ……この下に記述する
<script type='text/javascript' src='http://ajax.googleapis.com/ajax/libs/jquery/1.9.1/jquery.min.js'></script>
<script src="http://code.jquery.com/jquery-migrate-1.2.0.js"></script>
<link rel='stylesheet' href='<?php echo esc_url( home_url( '/' ) ); ?>css/xrhyme.css' type='text/css' media='all' />   ……CSSを読み込む
<link rel='stylesheet' href='<?php echo esc_url( home_url( '/' ) ); ?>css/style.css' type='text/css' media='all' />   ……CDNから読み込む
<script src="<?php echo esc_url( home_url( '/' ) ); ?>js/jquery.xrhyme.1.0.1.min.js"></script>   ……jQueryを読み込む
<script type="text/javascript">
$(document).ready(function(){
    $('#content').xrhyme();
});
</script>
```

| レイアウト

13 横にスクロールする画廊のようなページを作る

13-B header.php 〉〉〉before

```
<div id="page" class="hfeed site">
```

13-C header.php after〉〉〉

```
<div id="page" class="hfeed">
```

2 ［メインインデックスのテンプレート（index.php）］を編集する

ギャラリーには不要なサイドバーなどのパーツを削除します。最初にサイドバーを削除します。［ダッシュボード］画面で❶［外観］-❷［テーマ編集］をクリックし、❸［メインインデックスのテンプレート（index.php）］をクリックします。ソースコードが表示されたら、❹最後の方に記述されている `<?php get_sidebar(); ?>` を削除して❺［ファイルを更新］をクリックします。

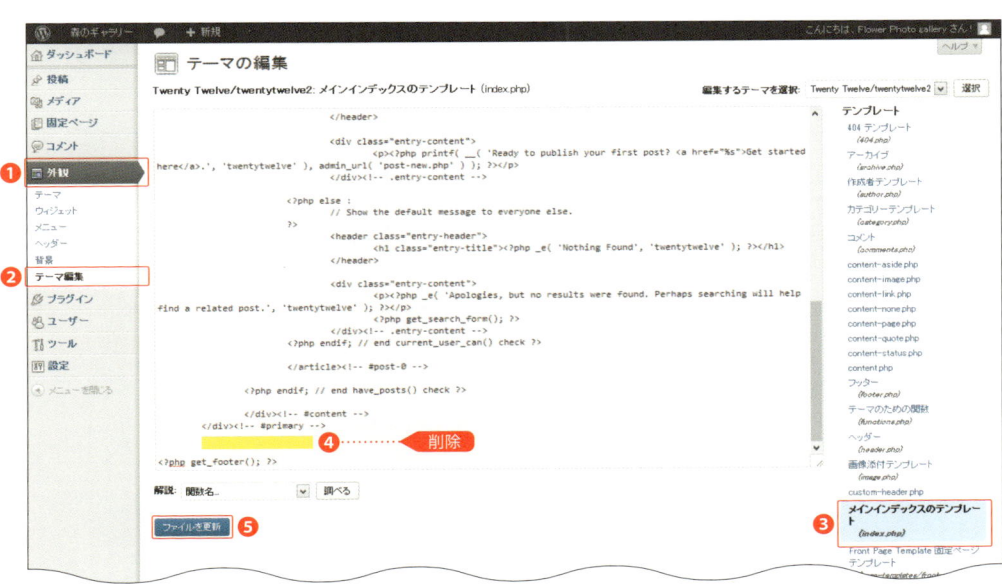

13-D index.php

```
<?php get_sidebar(); ?>
```
……最後の方に書かれているこの記述を削除

165

3 [content.php] を編集する

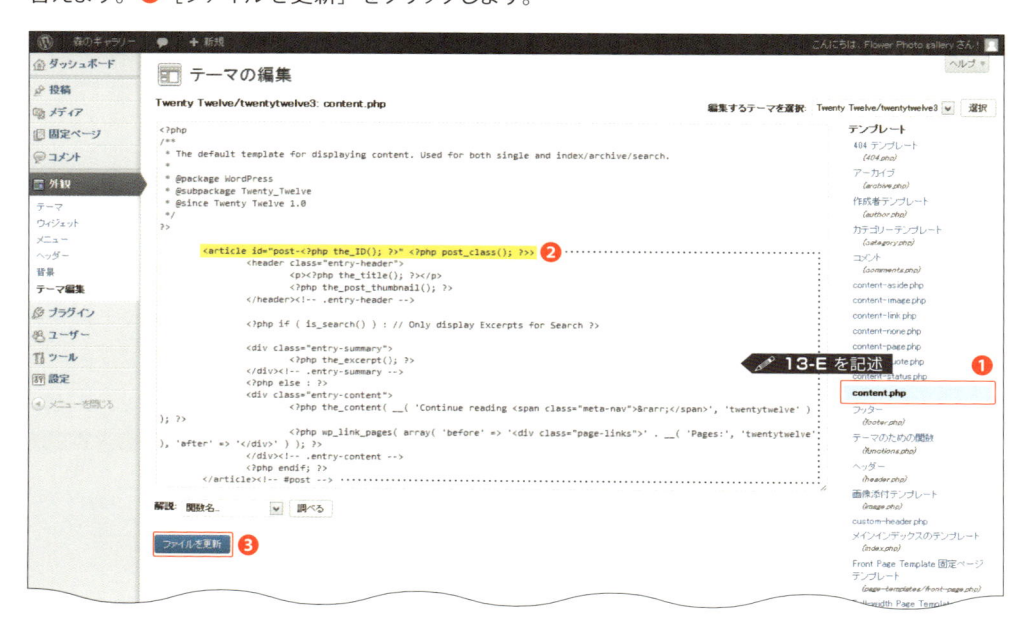

さらにタイトル、画像、本文以外の記述部分を削除します。❶［content.php］をクリックし、ソースコードが表示されたら、❷ <article id="post-<?php the_ID(); ?>" <?php post_class(); ?>> の記述より下を全部削除して、 13-E の記述に差し替えます。❸［ファイルを更新］をクリックします。

13-E content.php

```
<article id="post-<?php the_ID(); ?>" <?php post_class(); ?>>
```
この下の記述を差し替え

```
        <header class="entry-header">
            <p><?php the_title(); ?></p>
            <?php the_post_thumbnail(); ?>
        </header><!-- .entry-header -->

        <?php if ( is_search() ) : // Only display Excerpts for Search ?>
        <div class="entry-summary">
            <?php the_excerpt(); ?>
        </div><!-- .entry-summary -->
        <?php else : ?>
        <div class="entry-content">
            <?php the_content( __( 'Continue reading <span class="meta-nav">&rarr;</span>', 'twentytwelve' ) ); ?>
            <?php wp_link_pages( array( 'before' => '<div class="page-links">' . __( 'Pages:', 'twentytwelve' ), 'after' => '</div>' ) ); ?>
```

```
            </div><!-- .entry-content -->
            <?php endif; ?>
        </article><!-- #post -->
```

3 [スタイルシート（style.css）] を編集してデザインを調整する

花の画像と一緒に移動する不要な線を削除します。[ダッシュボード] 画面で、❶ [外観] - ❷ [テーマの編集] - ❸ [スタイルシート（style.css）] をクリックします。ソースコードが表示されたら、[Ctrl] キーを押したまま [F] キーを押します。右上に検索ボックスが表示されたら、❹ .site-content article と入力して❺下の矢印をクリックすると検索されたソースにコードが色付けされて表示されます。13-F のように❻下の行の1行をコメントアウトします。行の最初に「/*」、最後に「*/」を入力して読み込まれないようにして、❼ [ファイルを更新] をクリックします。

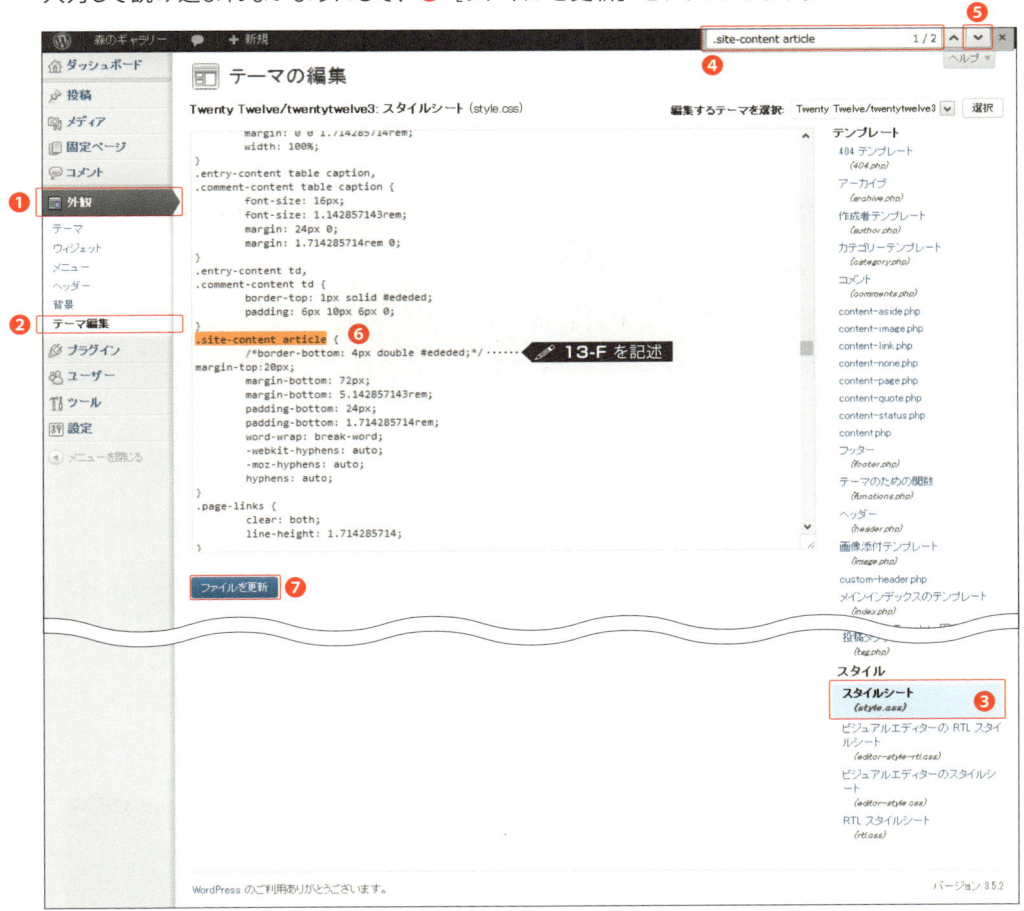

13-F style.css

```
.site-content article {
    /*border-bottom: 4px double #ededed;*/ ……… この行をコメントアウト
```

◉Hint コメントアウトの記述

スタイルシートを編集して読み込ませたくない記述は、行の最初に「/*」、最後に「*/」を記述して読み込まれないようにコメトアウトをすることができます。行の内容を削除して元に戻せなくなるのを避けるためにも有効です。

◉完成

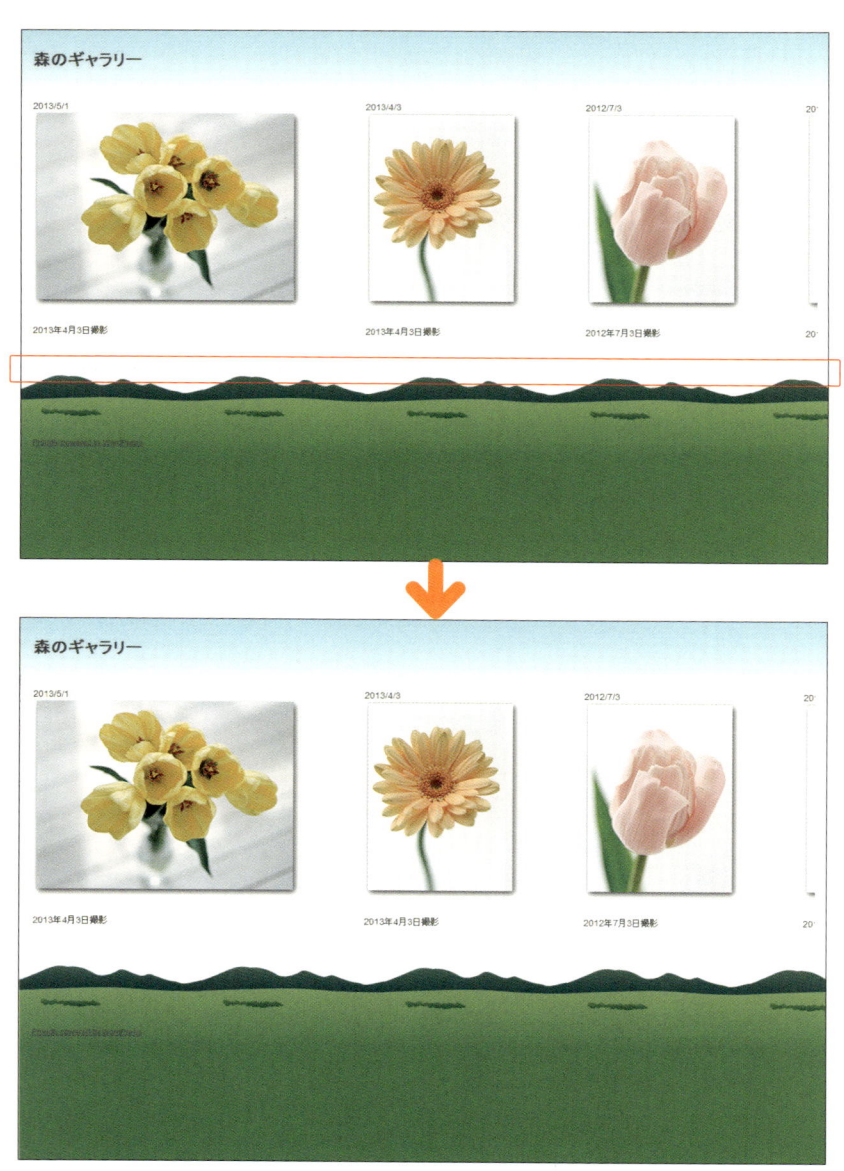

Twenty Twelve の標準の設定で入っている投稿ページ下に表示されるラインを削除している

STEPUPカスタマイズ　メニューの項目とギャラリーの画像を連携させる

1 [ヘッダー (header.php)] を編集する

メニューの項目を表示画像と連携させます。まずメニューをクリックして指定の画像に移動できるように、メニューの項目と対象の記事の投稿IDを紐付けします。[ダッシュボード] 画面で❶ [外観] - ❷ [テーマの編集] - ❸ [ヘッダー (header.php)] をクリックしてソースコードが表示されたら、❹ `<nav id="site-navigation" class="main-navigation" role="navigation">` から `</nav><!-- #site-navigation -->` の部分を 13-G の記述のように変更します。これで投稿ページと画像をリンクすることができましたが、まだクリックしても表示されません。次の手順を進めます。

13-G　header.php

```
<nav id="site-navigation" class="main-navigation" role="navigation">
<ul>
<?php while ( have_posts() ) : the_post(); ?>
<li><a href="post-<?php the_ID(); ?>"><?php the_title(); ?></a></li>
<?php endwhile; ?>
</ul>
</nav><!-- #site-navigation -->
```

2 メニューをクリックすると動くように Easing プラグインを利用する

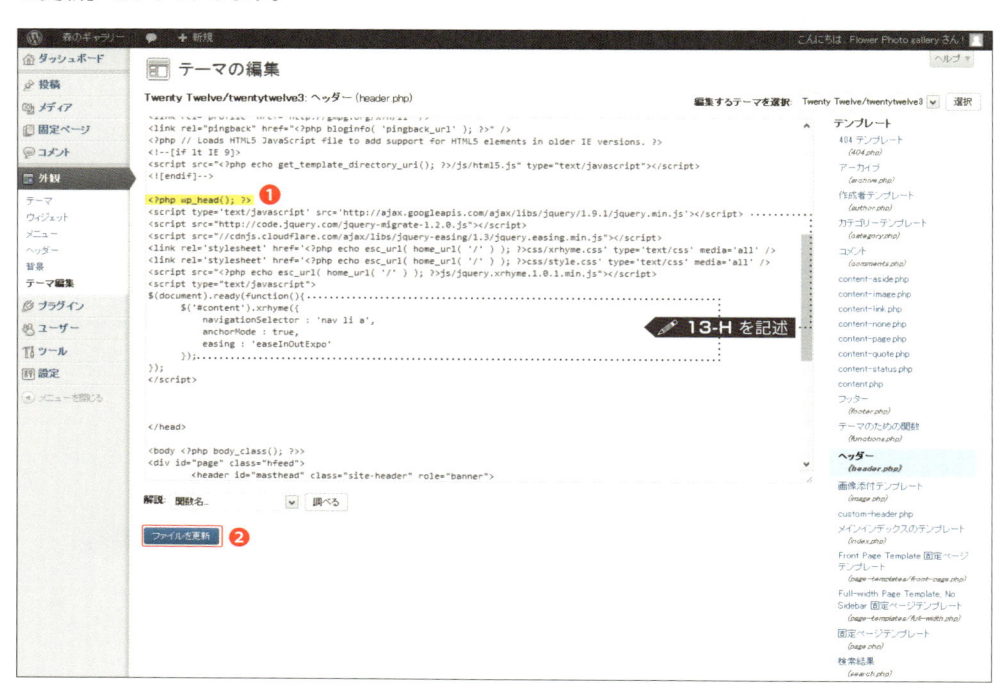

ここまでの手順では、まだメニューをクリックしてもギャラリー部分は連動して動きません。動きを付けるため、Easing プラグインを利用します。前の手順から続けて［ヘッダー（header.php）］のソースコードを編集します。❶ `<?php wp_head();  ?>` の下に 13-H の赤字の部分の記述とオプションの記述を追加して❷［ファイルを更新］をクリックします。

13-H　header.php

```
<?php wp_head(); ?>                                          ← この下に記述する
<script type='text/javascript' src='http://ajax.googleapis.com/ajax/libs/jquery/1.9.1/jquery.min.js'></script>
<script src="http://code.jquery.com/jquery-migrate-1.2.0.js"></script>
<script src="//cdnjs.cloudflare.com/ajax/libs/jquery-easing/1.3/jquery.easing.min.js"></script>   ← 記述を追加
<link rel='stylesheet' href='<?php echo esc_url( home_url( '/' ) ); ?>css/xrhyme.css' type='text/css' media='all' />
<link rel='stylesheet' href='<?php echo esc_url( home_url( '/' ) ); ?>css/style.css' type='text/css' media='all' />
<script src="<?php echo esc_url( home_url( '/' ) ); ?>js/jquery.xrhyme.1.0.1.min.js"></script>
<script type="text/javascript">
$(document).ready(function(){
```

|レイアウト

```
    $('#content').xrhyme({              ← オプションを記述
        navigationSelector : 'nav li a',
        anchorMode : true,
        easing : 'easeInOutExpo'
    });
});
</script>
```

◉Hint Easing プラグインとは

アニメーションのオプションを適用するため Easing プラグインを使います。Easing プラグインは、ネット経由でデータを取得しているためデータをアップロードする必要はありません。オプションは、Easing function 早見表（http://easings.net/ja）で確認できます。

◉ 完 成

メニューの表示と画像がリンクして表示された。マウスをスクロールすると花の画像が横に移動し、メニューをクリックすると対象の画像を表示する

13 横にスクロールする画廊のようなページを作る

レイアウト 14
複数の記事を全画面で紙芝居のようにめくれるパララックス

使用するjQuery Curtain.js

LAYOUT

縦にスクロールすると別のページに切り替わる

ページとページの間に影が付いているので、独立したページとして認識される

ページごとにデザインを変えると効果的に見せられる

スクロールするとページが切り替わって、紙芝居のように複数の記事を見せることができるパララックス効果です。見せる順番をうまく考えれば、ストーリー性のあるページに仕立てることもできるでしょう。クリックせずにページがめくれるので、伝えたい内容がしっかり伝えられます。スマートフォンなどでも見ることができます。

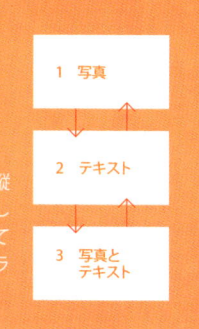

各ページが縦にスクロースしながらめくれて表示するパララックス効果

1 写真
↓
2 テキスト
↓
3 写真とテキスト

スマートフォンでもパララックス表現が可能

jQuery Profile

■ **対象ブラウザ**
IE 8 以上、Safari 6.03、Chrome 27、Firefox 22

NAME Curtain.js

URL https://github.com/victa/curtain.js

DL http://www.impressjapan.jp/books/1112101139_4

フォルダ構成 ［3438_WPjQ］-［Layout］-［14Curtain.js］

制作の流れ

STEP 1 jQuery プラグインをサーバーにアップロードする

STEP 2 Web サイトの構成に基づき投稿ページを作成する

STEP 3 WordPressのテーマを編集する

STEP 4 CSSファイルを変更しサーバーにアップロードする

STEPUP カスタマイズ ページの切り替えスピードを変える

STEP 1 jQuery プラグインをサーバーにアップロードする

1 Web サイトの構成を考える

Curtain.js を適用する場合、まず Web サイト設計をしっかりすることが重要です。記事は、1 枚ごとに紙芝居のようにめくれて表示されます。表示される順番は記事の投稿順になるので、投稿する順番や内容などを事前にしっかり考えましょう。ここでは、Web サイトのトップページに表示さなる前提で、内容は 1 枚目に表紙になる画像とテキストを全画面表示させ、2 枚目はテキストのみを、3 枚目には小さめの画像とテキストを切り替える設計で進めます。

2 jQuery プラグインと CSS ファイルをアップロードする

本書のダウンロードページからサンプルをダウンロードし、その中の「curtain.js」をサーバーの「js」フォルダにアップロードします。「curtain.css」のファイルをサーバーの「css」フォルダにアップロードします。[style.css]は、STEP 4-1 で編集してからアップロードするので、ここではアップロードしないでください。

3 画像を準備してアップロードする

表示する画像を用意します。ここでは 1 枚目の画像を「幅:1200px、高さ:900px」、3 枚目の画像を「幅:356px、高さ:356px」のサイズで作成しました。画像は WordPress の機能を使ってアップロードします。[ダッシュボード]画面で❶[メディア]-❷[新規追加]をクリックして、2 枚の画像をドラッグ＆ドロップします。❸[メディア]-❹[ライブラリ]をクリックし、❺アップロードした画像のファイル名をクリックします。[メディアを編集]画面の❻[ファイルの URL]が画像の URL になるので 2 枚ともコピーしておきましょう。

STEP 2 Webサイトの構成に基づき投稿ページを作成する

1 1枚目の画像に表示させるテキストを作成する

STEP 1-1で考えた構成に基づいて順番に記事を投稿します。1枚目の画像は、画像の上にテキストを配置するレイアウトです。先にテキストを入力しておき、画像は後の手順で組み込みます。[ダッシュボード]画面で❶[投稿]-❷[新規追加]をクリックし、❸[テキスト]タブをクリックします。記事のタイトルと❹投稿画面に 14-A を記述します。[サイトタイトル]には通常はWebサイトの名前、[キャッチコピー]にはWebサイトの説明などを入れるといいでしょう。入力が終わったら❺[公開]をクリックして記事を公開します。このとき、❻[パーマリンク]にある「***?p=数字」の数字が投稿IDになるので、これをコピーしておきます。

14-A

```
<h1>サイトタイトル</h1>
<h2>キャッチコピーなど</h2>
```

☑ Check

通常Webサイトの制作では、[下書き保存]をしながら記事を登録していきますが、ここでは制作過程をわかりやすくするために[公開]をし、途中経過のWebサイトを表示しています。すべて[下書き保存]で進めた場合は、最後にすべての記事を公開する作業が必要です。

2 2枚目のテキストだけが表示されるページを作成する

2枚目はテキストのみが表示されるページです。1枚目と同じように［ダッシュボード］画面で❶［投稿］-❷［新規追加］をクリックし、❸［テキスト］タブをクリックします。記事のタイトルと❹投稿画面に 14-B を記述します。文字数は多くても構いません。サイトの説明やコンセプトなどを入れてください。入力ができたら❺［公開］をクリックし、STEP 2-1と同様に❻投稿IDをコピーしておきます。

14-B

```
<h3> 見出し </h3>
<p> テキスト～テキスト </p>
```

3 3枚目は画像とテキストが表示されるページを作成する

3枚目は、画像とテキストを配置したページになります。これまでと同様に［ダッシュボード］画面で❶［投稿］-❷［新規追加］をクリックし、❸［テキスト］タブをクリックして、テキストモードにします。記事のタイトルと❹投稿画面に 14-C を記述します。［画像URL］には、STEP 1-3でメモした3枚目の画像URLを記述します。テキストには画像の説明などを入れます。入力が終わったら❺［公開］をクリックし、STEP 2-1と同様に❻投稿IDをコピーしておきます。

14-C

```
<div id="lst"><img src=" 画像URL " /><p id="txt"> テキスト </p></div>
```

STEP 3　WordPressのテーマを編集する

1 [メインインデックスのテンプレート（index.php）] を編集する

トップページに表示させることを想定して設計しているので、関連するテンプレートを編集します。[ダッシュボード] 画面で❶[外観] - ❷[テーマ編集] をクリックし、❸[メインインデックスのテンプレート（index.php）] をクリックします。ソースコードが表示されたら、❹ `get_header(); ?>` の下の記述を 14-D の記述に差し替えて❺[ファイルを更新] をクリックします。

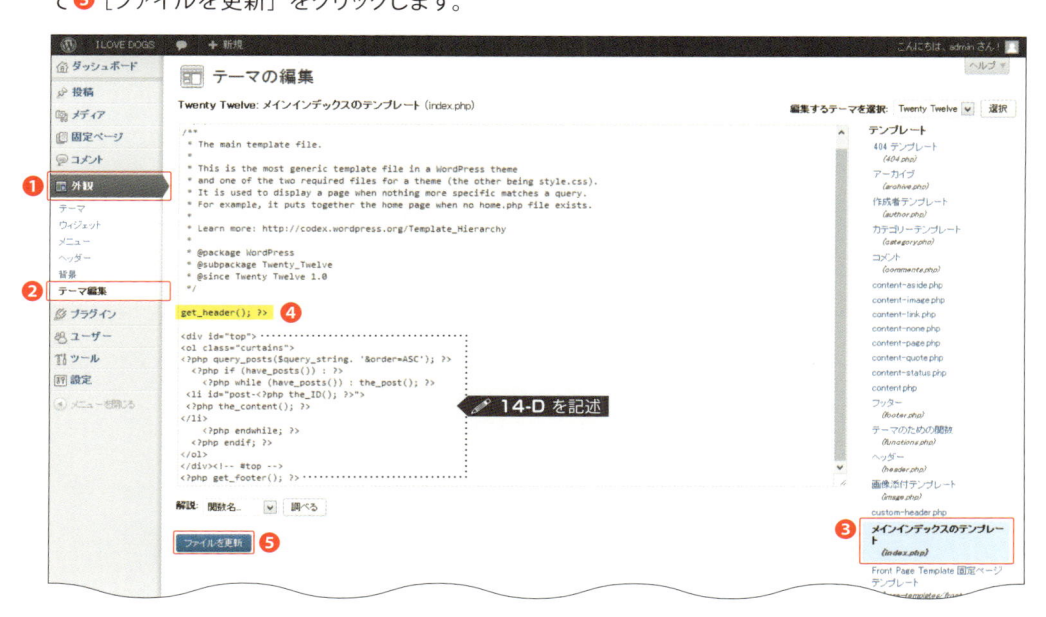

14-D　index.php

```php
get_header(); ?>                     ← この下の記述を差し替え
<div id="top">
<ol class="curtains">
<?php query_posts($query_string. '&order=ASC'); ?>
  <?php if (have_posts()) : ?>
    <?php while (have_posts()) : the_post(); ?>
<li id="post-<?php the_ID(); ?>">
<?php the_content(); ?>
</li>
    <?php endwhile; ?>
  <?php endif; ?>
</ol>
</div><!-- #top -->
<?php get_footer(); ?>
```

2 [ヘッダー（header.php）] を編集する

[ヘッダー（header.php）] を編集します。[ダッシュボード] 画面で❶ [ヘッダー（header.php）] をクリックします。ソースコードが表示されたら、❷ `<body <?php body_class(); ?>>` より下のソースコードをすべて削除して❸ [ファイルを更新] をクリックします。削除すると `<?php wp_head(); ?>` 以下のソースコードは 14-E のようになります。

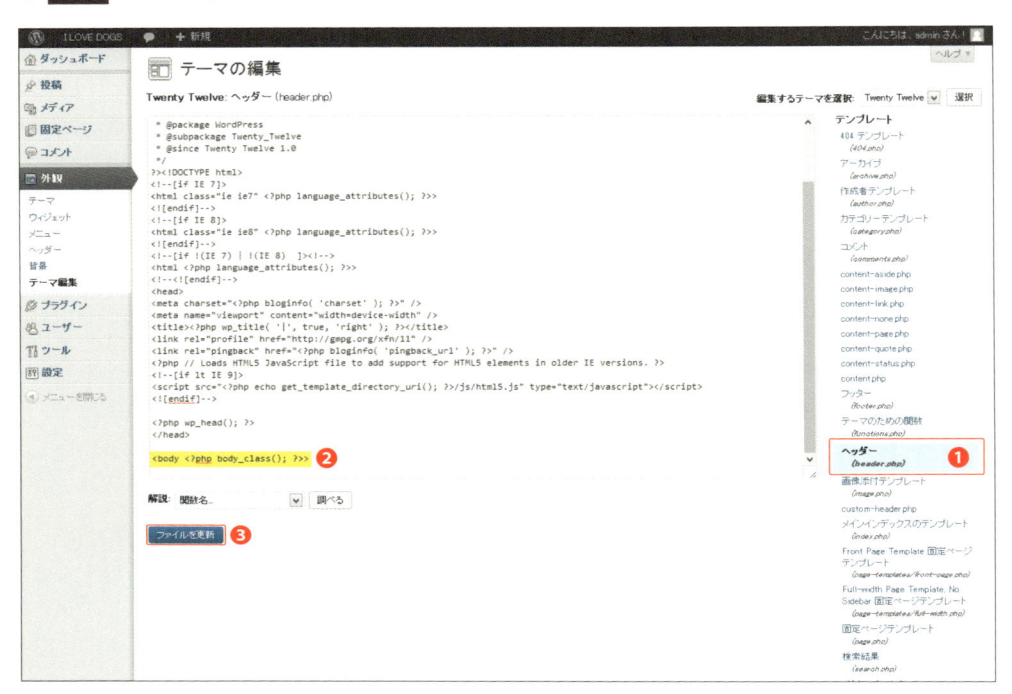

14-E　header.php　削除後のソースコード

```
<?php wp_head(); ?>
```

```
</head>
```

```
<body <?php body_class(); ?>>
```

<?php wp-head( );?> 以下のソースコードはこれだけになる

3 [フッター（footer.php）] を編集する

[フッター（footer.php）] を編集します。❶ [フッター（footer.php）] をクリックしてソースコードを表示したら、❷ `<?php wp_footer(); ?>` の下の記述を 14-F に差し替えて❸ [ファイルを更新] をクリックします。

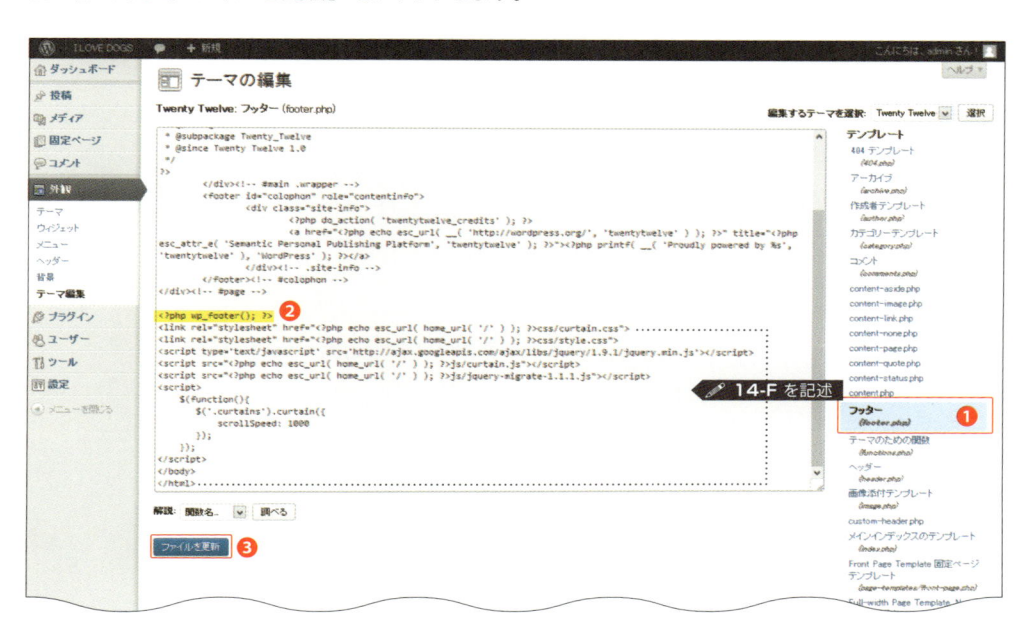

14-F footer.php

```
<?php wp_footer(); ?>                                          この下に記述を追加
<link rel="stylesheet" href="<?php echo esc_url( home_url(
'/' ) ); ?>css/curtain.css">                                   CSSを読み込む
<link rel="stylesheet" href="<?php echo esc_url( home_url(
'/' ) ); ?>css/style.css">                                     CSSを読み込む
<script type='text/javascript' src='http://ajax.googleapis.
com/ajax/libs/jquery/1.9.1/jquery.min.js'></script>
<script src="<?php echo esc_url( home_url( '/' ) ); ?>js/
curtain.js"></script>                                          jQueryを読み込む
<script src="http//code.jquery.com/jquery-migrate-
1.1.1.js"></script>                                            CDNから読み込む
<script>
  $(function(){
    $('.curtains').curtain();
  });
</script>
</body>
</html>
```

`<?php wp_footer(); ?>` の記述の下のソースコードを 14-F に差し替える

STEP 4　CSSファイルを変更しサーバーにアップロードする

1 CSSファイルを編集する

ダウンロードした本書オリジナルの「style.css」ファイルをテキストエディターで開きます。**14-G** のように必要な箇所を変更します。編集が終わったら保存して、サーバーの「css」フォルダにアップロードします。

📄 14-G　style.css

```css
/* Sliding panels */
.curtains>li {
    box-shadow:0 0 12px #666;
}
    .curtains>li:last-child{box-shadow:none}
/* Section 1 */

#post-投稿ID {
    background:url( 1枚目の画像のパス ) 50% 0 no-repeat;
    background-size:cover;
}                                                            ← 1枚目のID
#post-投稿ID h1 { font-size:100px;position:absolute;top:3
0%;color:#FFF;left:50%; margin:0 0 0 -350px; width:700px;
text-align:center;text-shadow: 0 1px 1px rgba(0, 0, 0,
.5); line-height:1.1;}
#post-投稿ID h2{                                              ← 1枚目のID
        text-transform:capitalize;
        opacity:.75;
        font-size:48px;
position:absolute;top:60%;left:50%; margin:0 0 0 -350px;
color:#FFF;width:700px; text-align:center;text-shadow: 0
1px 1px rgba(0, 0, 0, .5); line-height:1.1;}

#post-投稿ID h3 { width: 400px; font-size: 20px;margin:0 0
0 -200px;position:absolute;top:20%;left:50%;   }            ← 2枚目のID
#post 投稿ID p { width: 400px; font-size: 12px;line-height:
180%;margin:0 0 0 -200px;position:absolute;top:30%;le
ft:50%;   }
#post-投稿ID #lst { position: absolute;margin:0 0 0 -178px
; width:356px; left:50%;top:20%;}                            ← 3枚目のID
#post-投稿ID #lst #txt{ position: absolute;margin:0 0 0 -
178px; width:356px; left:50%;top:80%;text-align: center }
```

STEP2-1で確認した投稿IDと、STEP1-3で確認した1枚目の画像のパスをそれぞれ入力する

|レイアウト

14 複数の記事を全画面で紙芝居のようにめくれるパララックス

◎ 完 成

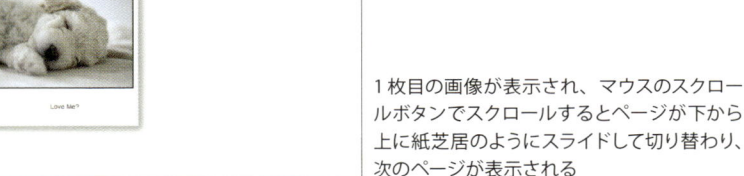

1枚目の画像が表示され、マウスのスクロールボタンでスクロールするとページが下から上に紙芝居のようにスライドして切り替わり、次のページが表示される

◎ Hint　style.cssの1枚目の画像のパスの入力例

style.cssで画像のパスを入力する場合は、本来は、「/images/photo1.jpg」のように相対パスで記述します。STEP 1-3でコピーした画像のURLは、「http:// ドメイン名 /wp-content/uploads/2013/06/photo1.jpg」のように絶対パスになっています。この場合は、ドメイン名より下だけを記述します。下記のように記述します。日時やファイル名は、それぞれ異なります。

style.cssで画像のパスを記述

```
#post-投稿ID{
    background:url(/wp-content/uploads/2013/06/photo1.jpg) 50% 0 no-repeat;
    background-size:cover;
```

STEPUPカスタマイズ　ページの切り替えスピードを変える

オプションを適用することで、ページを切り替えるスクロールのスピードを変えることができます。［ダッシュボード］画面で❶［外観］-❷［テーマ編集］をクリックして❸［フッター（footer.php）］をクリックします。ソースコードが表示されたら、❹ **14-H** の赤字の記述を追加して❺［ファイルを更新］をクリックします。

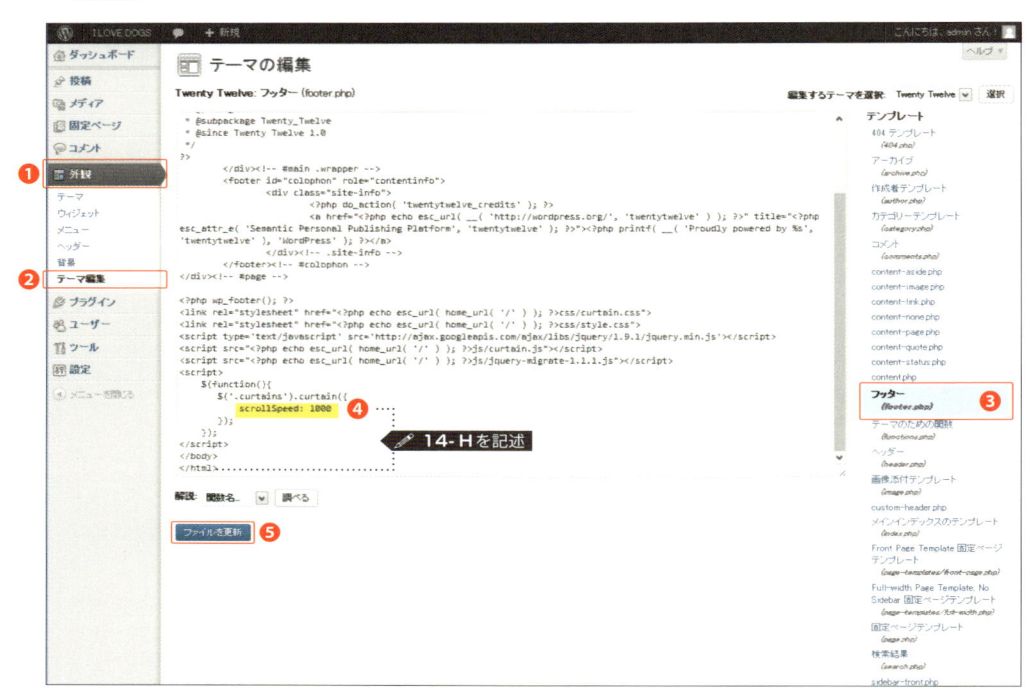

14-H　適用例

```
<script>
    $(function(){
        $('.curtains').curtain({
scrollSpeed:1000  ……………………………→ オプションを追加
        });
    });
</script>
```

ページ切り替え遷移スピード調整が可能。単位はミリ秒

Chapter 5

NAVIGATION
ナビゲーション

ソーシャルメディアをまとめて表示するアイコンボタンを設置したり、フォームのデザインをカスタマイズしたり、カラフルなタイルを敷き詰めたフラットデザインのようなインターフェースを導入したりする方法を解説します。

15　social：存在感のあるソーシャルメディアへの誘導ボタンを設置する ……… 184

16　MetroJs：自動で画像がめくれるカラフルなタイルのようなデザイン ……… 192

17　jqTransform：入力フォームのチェックボックスやラジオボタンをデザインする … 208

18　jQuery date picker plug-in：
　　カレンダーをクリックして自動で日付を入力する ……………………………… 218

19　Windy：風でめくられるように画像が切り替わるアーカイブ ………………… 226

ナビゲーション 15 存在感のあるソーシャルメディアへの誘導ボタンを設置する

使用するjQuery ▶ social

Webサイトのサイドバーに誘導ボタンを設置。どのページからでもクリックできる

リンクボタンでは、クリックするとSNSのページに移動する

多くのソーシャルメディアサービスが出現したことにより、それぞれのリンクボタンを表示させておくとWebサイトのページが雑多に見えてしまい、スペースも取られます。socialを利用すれば、複数のリンクボタンを1つのグループにして表示できるので、スマートに表示できます。リンクボタンは、クリックするとそれぞれのソーシャルメディアのページに移動し、アカウントを持っていればログインできます。シェアボタンは、クリックすると閲覧しているページを自分のソーシャルメディアサービスの投稿ページに表示してシェアできます。目的に応じてソースコードを選択してください。

オプションを適用してデザインを変えることもできる

jQuery Profile

■ **対象ブラウザ**
IE 11、Safari 6.03、Chrome 27、Firefox 22、Opera 12.15

NAME **social**

URL http://tolgaergin.com/files/social/index.html

DL http://www.impressjapan.jp/books/1112101139_4

フォルダ構成［3438_WPjQ］-［Navigation］-［15social］

制作の流れ

STEP 1 jQueryプラグインをサーバーにアップロードする

STEP 2 WordPressのテーマを編集する

STEPUP カスタマイズ 表示アニメーションをカスタマイズする

STEP 1　jQueryプラグインをサーバーにアップロードする

1 関連ファイルをサーバーにアップロードする

socialをダウンロードし、「socialProfiles.min.js」「socialShare.min.js」をサーバーの「js」フォルダに、「arthref.min.css」と本書のオリジナルファイルの「social.css」を「css」フォルダにアップロードします。また、「images」フォルダ内の画像「background.jpg」「social-sprite.png」をサーバーの「images」フォルダにアップロードします。「images」フォルダを作成していない場合は、フォルダごとアップロードしてかまいません。

STEP 2　WordPressのテーマを編集する

1 ［ヘッダー（header.php）］を編集する

jQueryプラグインをWordPressが読み込めるようにテーマの［ヘッダー（header.php）］を編集します。［ダッシュボード］画面で❶［外観］-❷［テーマの編集］をクリックして❸［ヘッダー（header.php）］をクリックします。ソースコードが表示されたら、❹ `<?php wp_head(); ?>` の下に、リンクボタンを実装する場合は 15-A 、シェアボタンを実装する場合は、15-B の記述を追加します。同じ場所に表示するため、どちらか1つしか実装できません。リンクボタンを実装する場合は、赤字の部分に「facebook：https://www.facebook.com/ 以降に表示されている URL」、「Twitter：アカウント名」を記述します。❺［ファイルを更新］をクリックします。

15-A　header.php　リンクボタンの記述

```
<?php wp_head(); ?>                                          ← この下に記述する

<link rel="stylesheet" href="<?php echo esc_url( home_url(
'/' ) ); ?>css/arthref.min.css">                             ← CSSを読み込む
<link rel="stylesheet" href="<?php echo esc_url( home_url(
'/' ) ); ?>css/social.css">                                  ← CSSを読み込む
<script type='text/javascript' src='http://ajax.googleapis.
com/ajax/libs/jquery/1.9.1/jquery.min.js'></script>          ← jQueryを読み込む
<script type="text/javascript" src="<?php echo esc_url(
home_url( '/' ) ); ?>js/socialProfiles.min.js"></script>
<script type="text/javascript">
$(document).ready(function() {
    $('#social').socialProfiles({
      animation: 'chain',
        facebook: 'impress.japan',
        twitter: 'impress_japan'                             ← 入力例
    });
});
</script>
```

FacebookとTwitterのアカウントページへのリンクを記述

リンクボタンになるサービス例

サービス名	リンク
Facebook	https://www.facebook.com/impress.japan
Twitter	@impressjapan

15-B　header.php　シェアボタンの記述

```
<?php wp_head(); ?>                                          ← この下に記述する

<link rel="stylesheet" href="<?php echo esc_url( home_url(
'/' ) ); ?>css/arthref.min.css">
<link rel="stylesheet" href="<?php echo esc_url( home_url(
'/' ) ); ?>css/social.css">
<script type='text/javascript' src='http://ajax.googleapis.
com/ajax/libs/jquery/1.9.1/jquery.min.js'></script>
<script type="text/javascript" src="<?php echo esc_url(
home_url( '/' ) ); ?>js/socialProfiles.min.js"></script>
<script type="text/javascript" src="<?php echo esc_url(
home_url( '/' ) ); ?>js/socialShare.min.js"></script>
```

```
<script type="text/javascript">
$(document).ready(function() {
    $('#social').socialShare({
        social: 'blogger,delicious,digg,facebook,google,li
nkedin,pinterest,twitter,yahoo'
    });
});
</script>
```

→ 入力例
→ ここまでを変更する

シェアボタンになるサービス例

サービス名	サービスの概要
blogger	Google が提供するブログサービス
delicious	ソーシャルブックマークサービス
digg	ソーシャルブックマークサービス
email	メール機能
evernote	クラウドのドキュメント管理サービス
facebook	SNS サービス
flickr	写真共有のコミュニケーションサイト
foursquare	位置情報共有サービス
friendfeed	SNS まとめサービス
google	Google 社が提供するインターネットサービス
instagram	写真にエフェクトをかけられるサービス
lastfm	インターネットラジオの SNS サービス
linkedin	ビジネス系 SNS サービス
myspace	音楽・エンターテインメントを中心とした SNS
path	クローズド SNS サービス
paypal	決済サービス
pinterest	画像系 SNS サービス
quora	Q&A サイトサービス
rss	Web サイトの更新情報を配信するフォーマット
skype	無料のインターネット通話サービス
tumblr	メディアミックスウェブログサービス

ナビゲーション

15 存在感のあるソーシャルメディアへの誘導ボタンを設置する

twitter	ミニブログサービス
vimeo	動画配信サービス
wordpress	Web サイト構築システム
youtube	動画配信サービス

各サービスのアカウントをソースコードに記述する。アカウントの最後には、「,」カンマを入れないようにする。また、サービス名は小文字で表記する

2 [サイドバー（sidebar.php）] を編集する

Web サイトのどのページにも表示させるボタンをサイドバーに設置します。[ダッシュボード]画面で❶[外観]-❷[テーマ編集]をクリックして❸[サイドバー(sidebar.php)]をクリックします。ソースコードが表示されたら❹<divid= "secondary" class="widget-area" role="complementary"> の下に 15-C の記述を追加してして❺[ファイルを更新] を追加します。

15-C sidebar.php

```
<div id="secondary" class="widget-area"
    role="complementary">                      この下に記述する
    <a href="#" id="social">@Social</a>
```

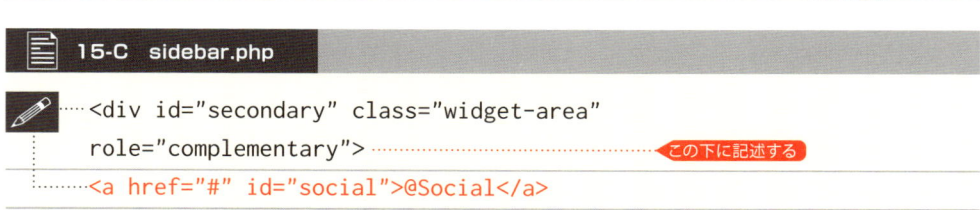

@Social はボタンに表示される名前で、自由に変更できる

完成

@social をクリックするとボタンが表示される

リンクボタンを適用した場合

シェアボタンを適用した場合

15 存在感のあるソーシャルメディアへの誘導ボタンを設置する | ナビゲーション

STEPUPカスタマイズ 表示アニメーションをカスタマイズする

socialには、ボタンをクリックしたときの表示方法や見た目を変更するオプションが用意されています。STEP 2と同様に[ヘッダー(header.php)]を表示します。ソースコードが表示されたら、赤字部分のオプションを記述します。15-D がリンクボタン、15-E がシェアボタンの記述です。

オプションで設定できる効果

オプション名	効果
animation	ソーシャルアカウントの表示アニメーション設定 **launchpad** 奥から出てくるイメージ **launchpadReverse** 手前からの現れるイメージ **slide***** 指定方向から表示 **chainAnimationSpeed** アニメーション速度の変更
blur	背景のぼかし (true,false ※ WebKitブラウザのみ)

15-D 適用例　リンクボタンの記述 + 背景のぼかし

```
<script type="text/javascript">
  $(document).ready(function() {
$('#social').socialProfiles({
      animation: 'launchpad',
      blur:true,
      facebook: 'impress.japan',
      twitter: 'impress_japan'
    });
});
</script>
```

オプションを記述

初期設定では黒の背景だが、オプションでは背景のぼかしを適用している。「blur」は、IEやFireFoxなどでは、バージョンによって見え方が変わる可能性がある

リンクボタンを適用した場合

15-E 適用例 シェアボタンの記述＋背景のぼかし

```
<script type="text/javascript">
$(document).ready(function() {
  $('#social').socialShare({
      animation: 'launchpad',
      blur:true,
      social: 'blogger,delicious,digg,facebook,google,lin
      kedin,pinterest,twitter,yahoo'
  });
});
</script>
```

← オプションを記述

初期設定では黒の背景だが、オプションでは背景のぼかしを適用している。奥からシェアボタンが現れる。IE や FireFox などでは、バージョンによって見え方が変わる可能がある

◉ 完 成

シェアボタンを適用した場合

Social ボタンをクリックするとリンクボタンまたはシェアボタンが画面いっぱいに表示される

ナビゲーション

16 自動で画像がめくれる カラフルなタイルのようなデザイン

使用するjQuery MetroJs

NAVIGATION

自動で画像がめくれる

画像の幅を調整したり変更したりできる

アイコンや画像も挿入できる

投稿記事をタイルのように配置し、クリックすると詳細が見られるデザイン。デザイン自体はシンプルですが、アクションが連動するので視覚的に楽しめます。画像やアイコンなどを効果的に配置しても面白いでしょう。Windows 8 の起動画面で使用されて認知度が上がったデザインパターンで、立体的に動くインターフェイスは、クリックを誘導する効果が期待できます。ここでは企業サイトを例に導入方法を解説していますが、個人サイトでもアイコンや写真を使って動きを楽しむ Web サイトを作成することができます。

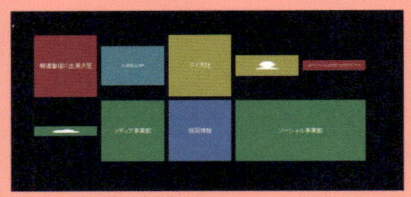

タイトルと本文を表示する
アイコンを表示
横幅を広げて印象をつよくする
画像を読み込んで表示することもできる

jQuery Profile

■ **対象ブラウザ**
IE 7 以上、Safari 6.03、Chrome 27、Firefox 22、Opera12.15、Windows Phone

NAME MetroJs

URL http://www.drewgreenwell.com/projects/metrojs

DL http://www.impressjapan.jp/books/1112101139_4

フォルダ構成［3438_WPjQ］-［Navigation］-［16MetroJs］

制作の流れ

STEP 1 jQuery プラグインをサーバーにアップロードする

STEP 2 WordPress のテーマを編集する

STEP 3 トップページに表示させるコンテンツを準備する

STEP 4 content.php に記述を追加する

STEPUP カスタマイズ 1 特定の投稿を強調する

STEPUP カスタマイズ 2 タイルの切り替えのタイミングをランダムにする

STEP 1 jQuery プラグインをサーバーにアップロードする

1 jQuery プラグインをアップロードする

「MetroJs.min.js」をサーバーの「js」フォルダに、「MetroJs.min.css」と「metro.css」をサーバーの「css」フォルダにアップロードします。「metro.css」は、本書オリジナルファイルです。

STEP 2 WordPress のテーマを編集する

1 ［ヘッダー（header.php）］を編集する

jQuery プラグインを WordPress が読み込めるようにテーマの［ヘッダー（header.php）］を編集します。［ダッシュボード］画面で❶［外観］-❷［テーマ編集］をクリックして❸［ヘッダー（header.php）］をクリックします。ソースコードが表示されたら、❹ `<?php wp_head(); ?>` の下に 16-A の記述を追加します。ここでは jQuery のプラグインと CSS を読み込んでいます。さらに次ページの 16-B の記述を追加します。追加する位置に注意しましょう。❺［ファイル更新］をクリックします。

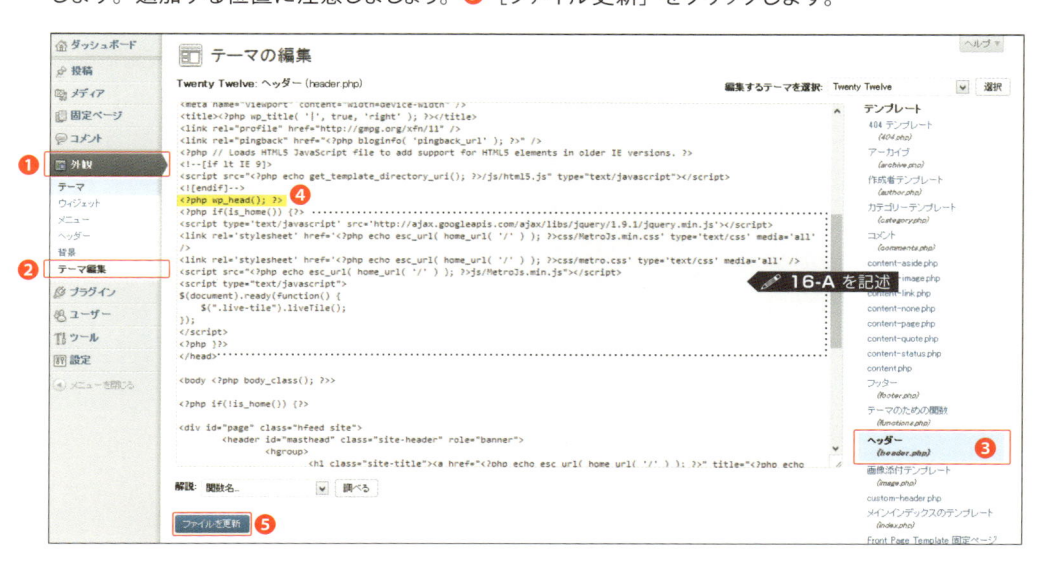

16-A header.php

```
<?php wp_head(); ?>                                          ← この下に記述する
<?php if(is_home()) {?>
<script type='text/javascript' src='http://ajax.
googleapis.com/ajax/libs/jquery/1.9.1/jquery.min.
js'></script>
<link rel='stylesheet' href='<?php echo esc_url( home_
url( '/' ) ); ?>css/MetroJs.min.css' type='text/css'
media='all' />                                               ← jQueryを読み込む
<link rel='stylesheet' href='<?php echo esc_url(
home_url( '/' ) ); ?>css/metro.css' type='text/css'
media='all' />                                               ← CSSを読み込む
<script src="<?php echo esc_url( home_url( '/' ) );
?>js/MetroJs.min.js"></script>                               ← jQueryを読み込む
<script type="text/javascript">
$(document).ready(function() {
    $(".live-tile").liveTile();
});
</script>
<?php }?>
```

「.live-tile」はフリップさせる要素に使用する

16-B header.php

```
<body <?php body_class(); ?>>                                ← この下に記述する
<?php if(!is_home()) {?>                                     ← 追加
～～～～～～～～～～～～～～～～～～～～～～～～
<?php }?>                                                    ← ソースコードの最終行に追加
```

> **Hint フリップ**
>
> フリップとは、紙芝居のように画像を切り替える効果のことです。

STEP 3 トップページに表示させるコンテンツを準備する

1 トップページに表示する 9 つの記事を準備する

トップページに MetroJs を表示させるために必要なのは、「記事の投稿」「記事のタグ付け」と「画像の登録」です。記事は、タイル状に表示させたい数だけ投稿しますが、多すぎると見た目が崩れるのでここでは 9 つの記事を作成します。その記事の内容に合わせて、タイトルや画像などを挿入しながらトップに表示するタイル部分を作成します。タイルに表示される文字は、投稿記事のタイトルになります。記事を作成するときに入力します。またすべての投稿記事に対して、タグの登録例の「タグ」は、設定する必要があります。ここでは「タグの登録例」の表のように入力します。

2 カテゴリーとタグを作成する

最初にタグを作成します。[ダッシュボード] 画面で、❶ [投稿] - ❷ [タグ] をクリックし、❸ [名前] と [スラッグ] に [service] と入力して、❹ [新規タグを追加] をクリックします。ここでは、タグの登録例のように 6 つのタグを登録します。

タグの登録例

オプション名	効果
タグ	company、contact、media、news、recruit、service

> **Hint タグの入力**
>
> 事前にタグを入力しておくことで、STEP 3-4 でタグを入力するときに、候補として表示されるので、入力ミスを防げて便利です。

3 トップページに表示するアイコンや写真を準備する

トップページに表示する写真は、アイキャッチ画像として登録することで表示されます。画像のサイズは、［高さ：150px、幅：150px］で作成します。ここでは写真のほかに各事業部の画像として、アイコンを登録します。アイコン用の画像には、背景が透過している PNG データを使用します。

アイコン「高さ：150px、幅：150px」
紙面上わかりやすくするため背景をグレーにしていますが、実際の画像の背景は透過させて作成する

写真「高さ：150px、幅：150px」

> **Hint 画像のファイル名は半角英数字で**
>
> 画像を登録する際のファイル名は、半角英数字にしましょう。画像ファイル名が URL などにも記載されるため、ブラウザによっては日本語のファイル名では認識できません。

4 トップページに表示する記事を投稿する

投稿時には、タイトル、本文、タグを入力し、さらにアイキャッチ画像を設定します。［ダッシュボード］画面で❶［投稿］-❷［新規追加］をクリックします。❸タイトルを入力し、❹必要に応じて本文も入力します。この本文は、トップページでタイルの部分をクリックした際に表示される内容になります。また、アイキャッチ画像を登録していない状態ではトップページで切り替えて表示させることもできます。❺［タグ］に「service」と入力して、❻［追加］をクリックします。

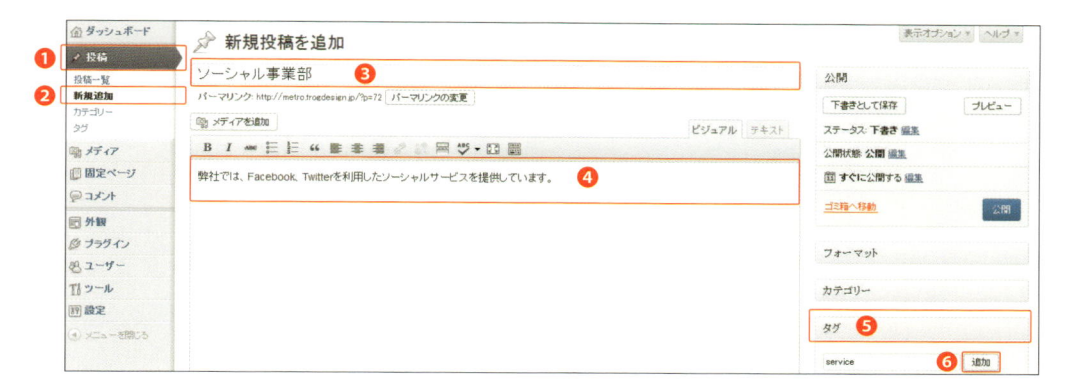

5 アイキャッチ画像を登録する

トップページに表示する画像やアイコンをアイキャッチ画像として登録します。ここでアイキャッチ画像を登録すると、本文よりも画像が優先的に表示されます。ここでは、「ソーシャル事業部」の記事に「infinity.png」の画像を登録し、表示させます。「ソーシャル事業部」の記事の「新規投稿を追加」画面で❶［アイキャッチ画像を設定］をクリックし、❷「アイキャッチ画像を設定」画面に画像「infinity.png」をドラッグ＆ドロップして登録します。❸登録した画像のサムネイルを選択して❹［アイキャッチ画像を設定］をクリックします。［新規投稿］画面に戻って❺［公開］をクリックします。199ページの記述の作成例の表を参考に9つの記事を作成します。

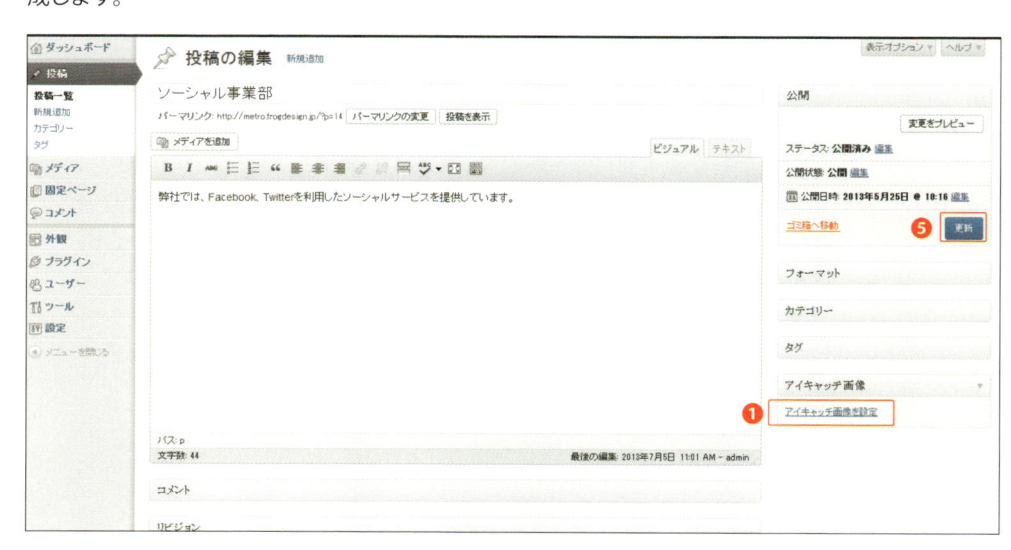

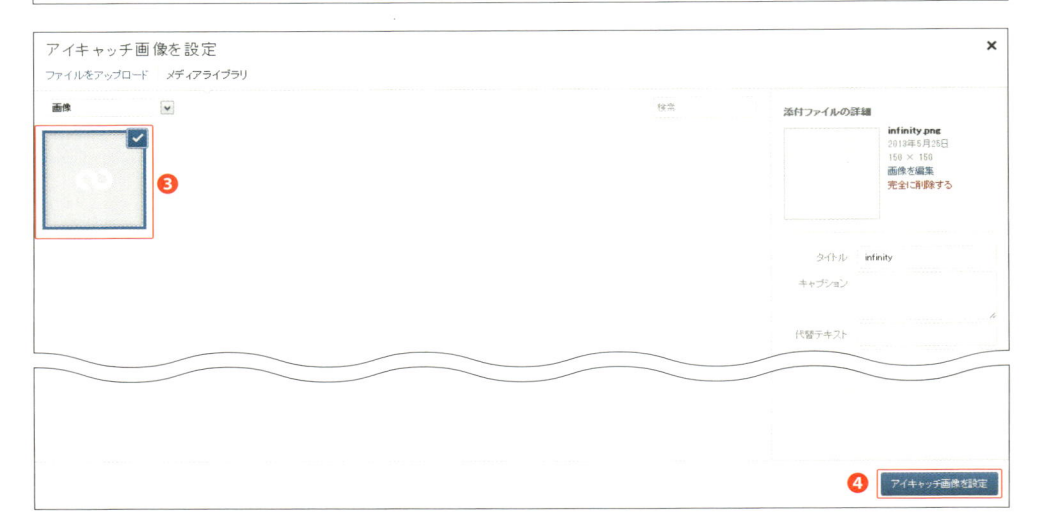

◉Hint 記事の本文とアイキャッチ画像

投稿する記事にすべての画像を登録する必要はありません。本文だけを表示させたい場合や本文とアイキャッチ画像を同時に表示させたいなど、表示方法を組み合わせることで、見た目に変化を出すことができます。注意点は、表示の優先順位です。本文が入力されていても、[アイキャッチ画像]が登録されていると、画像が優先的に表示されます。

記事の作成例

タイトル	本文	タグ	画像ファイル
ソーシャル事業部	弊社では、FacebookやTwitterを利用したソーシャルサービスを提供しています。	service	infinity.png
採用情報	募集は締め切りました。	recruit	画像なし
メディア事業部	年率300%アップで成長中!	service	画像なし
インターネット広告事業部	本文なし	service	cloud.png
セミナー情報	jQueryとWordPressをマスターするためのセミナーを開催	news	画像なし
社長挨拶	近年の事業計画では、前年比150%を売り上げるなど、ソーシャル事業が大きく増収、増益になりました。	company	user.png
タイ支社	本文なし	company	thai.jpg
お問い合わせ	本文なし	contact	speech.png
報道番組に出演決定	当社のソーシャル事業が取材されました。	news	画像なし

トップページに表示する本文は、ここで記述した文章を抽出するようにしています

9つの記事をすべて登録した状態

STEP 4　content.php に記述を追加する

1 ［content.php］を編集して投稿をループ表示させる

トップページに投稿記事が表示するように記述します。［ダッシュボード］画面で❶［外観］-❷［テーマ編集］をクリックして❸［content.php］をクリックします。ソースコードが表示されたら、❹ 16-C のように記述を差し替えます。ソースコード内の mb_substr(strip_tags($post-> post_content),0,30) の記述では最後の数値で表示文字数を調整できます。トップページのタイルに表示するため、ここでは30文字まで表示する指定にしています。数値を変えることで文字数を調整できますが、多すぎると読みにくくなりデザインがくずれることがあります。❺［ファイルを更新］をクリックします。

16-C　content.php

```
<?php if ( is_single() ) : ?>
    <h1 class="entry-title"><?php the_title(); ?></h1>
    <div class="entry-content">
    <?php the_content( __( 'Continue reading <span class="meta-nav">&rarr;</span>', 'twentytwelve' ) ); ?>
    <?php wp_link_pages( array( 'before' => '<div class="page-links">' . __( 'Pages:', 'twentytwelve' ), 'after' => '</div>' ) ); ?>

    </div><!-- .entry-content -->
    <?php else : ?>
        <div class="<?php $posttags = get_the_tags();if ($posttags) {foreach($posttags as $tag) {echo $tag->name . ' ';}}?>live-tile" data-mode="flip" data-link="<?php the_permalink(); ?>"
```

```
data-speed="600" id="post-<?php the_ID(); ?>" data-delay="1200"
id="post-<?php the_ID(); ?>">
<div><?php the_title(); ?></div>
<div>
<?php if(has_post_thumbnail()) {
 echo the_post_thumbnail();
} else {
echo "<p>";
echo mb_substr(strip_tags($post-> post_content),0,30);
echo "</p>";
}?>
</div>
</div>
<?php endif; // is_single() ?>

<?php if ( is_search() ) : // Only display Excerpts for Search ?>
<div class="entry-summary">
<?php the_excerpt(); ?>
</div><!-- .entry-summary -->
<?php endif; ?>
```

トップページに表示される文字数は 30 文字に設定している

2 [メインインデックスのテンプレート（index.php）] を変更して表示を1カラムにする

❶ [メインインデックステンプレート（index.php）] をクリックします。ソースコードが表示されたら、❷ `get_header();` の下の行の表記を次ページの **16-D** のように変更します。❸ [ファイルを更新] をクリックします。トップページの表示が1カラムになります。

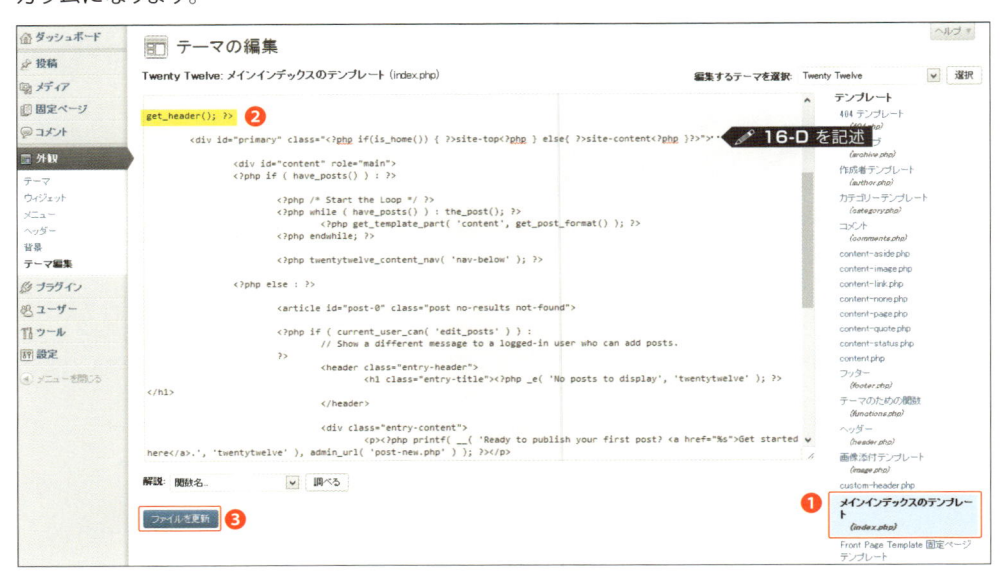

|ナビゲーション

16

自動で画像がめくれるカラフルなタイルのようなデザイン

index.php >>> before

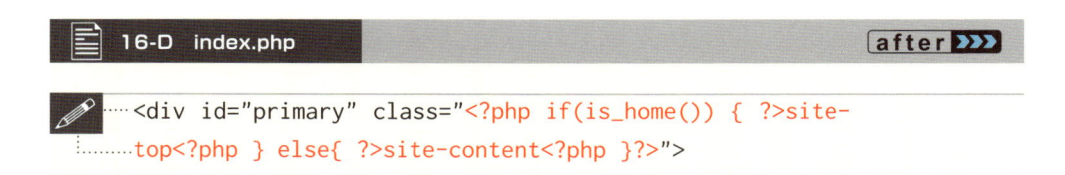

```
<div id="primary" class="site-content">
```

16-D index.php after >>>

```
<div id="primary" class="<?php if(is_home()) { ?>site-
top<?php } else{ ?>site-content<?php }?>">
```

3 不要な記述を削除する

不要なサイドメニューを削除します。❶ ［フッター (footer.php)］ をクリックします。ソースコードが表示されたら、❷ コメント部分と 16-E の記述だけを残してほかは削除します。❸ ［ファイルを更新］をクリックします。続けて❹ ［メインインデックスのテンプレート (index.php)］ をクリックします。ソースコードが表示されたら、❺ `<?php get_sidebar(); ?>` を削除して❻ ［ファイルを更新］をクリックします。

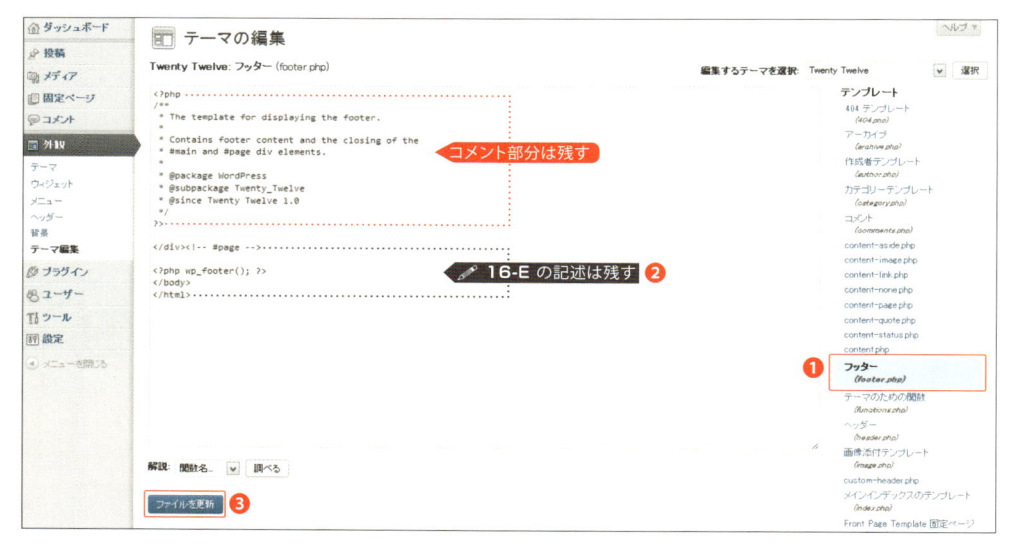

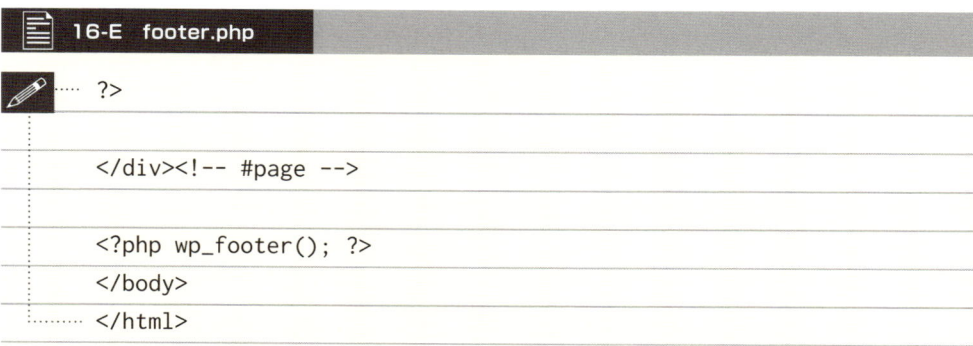

16-E footer.php

```
?>

    </div><!-- #page -->

    <?php wp_footer(); ?>
    </body>
</html>
```

ナビゲーション

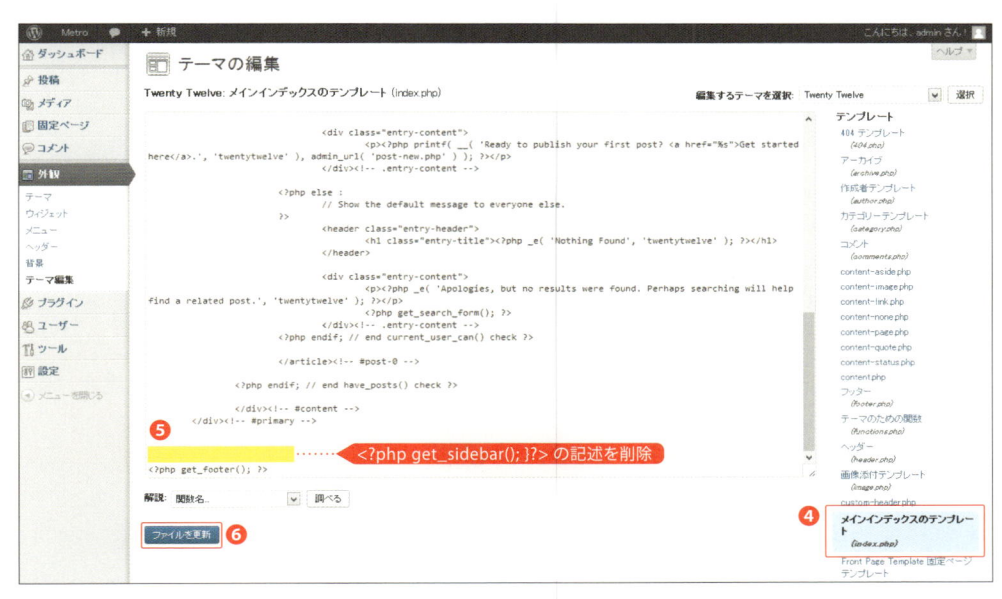

16 自動で画像がめくれるカラフルなタイルのようなデザイン

`<?php get_sidebar(); }?>` の記述を削除

◉ 完 成

9つの記事がタイル状に並んで表示された

STEPUPカスタマイズ1　特定の投稿を強調する

1 正方形を2つつなげる

特別に投稿記事を強調する場合、正方形を2つつなげて長方形にし、表示領域を大きく目立たせることができます。ここではソーシャル事業部の記事に適用します。投稿記事には、個別の投稿IDが振られているので、その投稿IDに対して、CSSでwidth（幅の指定）を設定することで変更できます。その場合、タイル1つに対して、左右、上下に余白を10px設定しているので、画像を2つつなげた場合、余白の10pxが増えてしまうので、その分を考慮して、CSSの表記を「幅：310px」と記述します。テキストエディターで「metro.css」ファイルを開いて、赤字の記述を追加します。「#post-投稿ID { width:310px;}」という記述で、#post-投稿IDで、記事に投稿した画像の幅を指定しています。投稿IDを変更することで、変更したい投稿記事の幅を変更できます。

16-F

```
body.custom-background { background:#05031F;}
.site-top { position:absolute; top:50%; left:50%;height:310px;width:800px; margin: -155px 0 0 -400px;}
.company div { background:#B9A503;line-height:150px;text-align:center;position:relative;}
.service div { background:#0B9246;line-height:150px;text-align:center;position:relative;}
.news div { background:#AE1E41;line-height:150px;text-align:center;position:relative;}
.recruit div { background:#4372B8;line-height:150px;text-align:center;position:relative;}
.contact div { background:#0095A9;line-height:150px;text-align:center;position:relative;}
.company div p,.service div p,.news div p ,.recruit div p,.contact div p {
  position:absolute;
  top:50%;
  left:50%;
  margin-left:-5.5em;
  margin-top:-1.75em;}
#post-投稿ID { width:310px;}  ……… 追加
.entry-content img, .comment-content img, .widget img, img.header-image, .author-avatar img, img.wp-post-image { box-shadow: none}
```

metro.cssに投稿IDを入力して記述を追加する

2 投稿IDを確認する

幅を広げたい記事の投稿IDを確認するには、[ダッシュボード］画面で❶[投稿] - ❷［投稿一覧］をクリックして、❸幅を広げたい投稿記事の［編集］をクリックします。［投稿の編集］画面で❹［パーマリンク］の最後の数字を確認します。この数字をCSSファイルに記述してサーバーに上書きしてアップロードして更新すれば、適用できます。

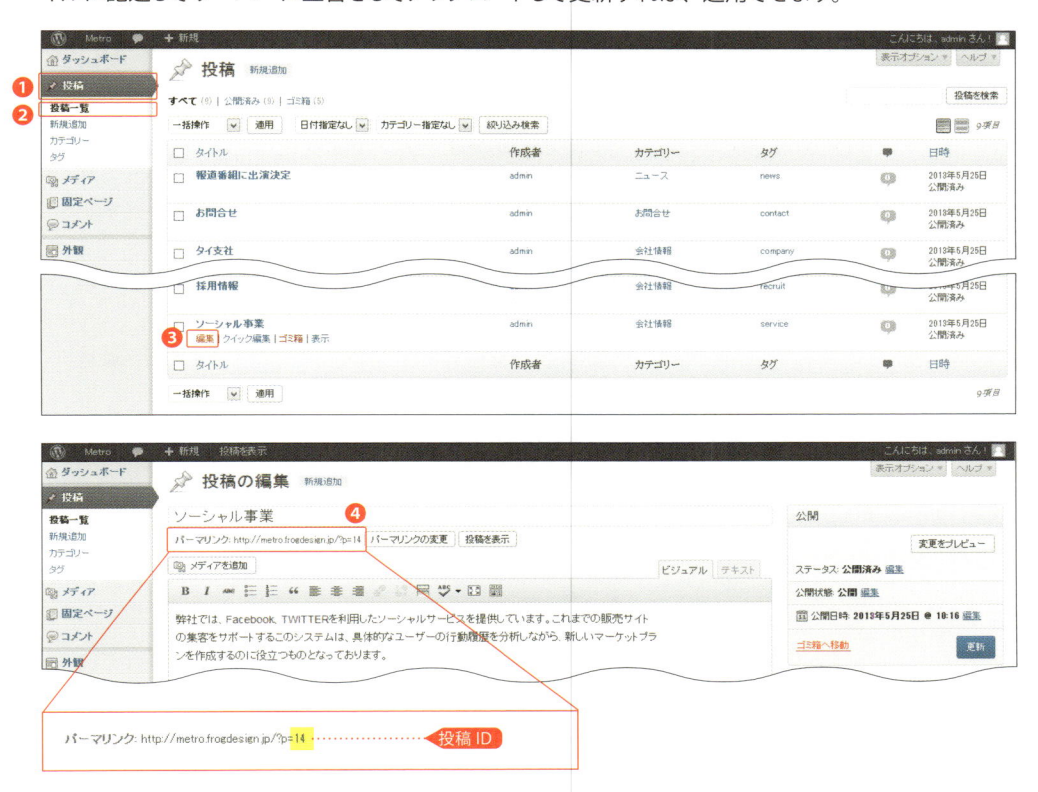

◉ 完成

正方形が2つつながって長方形になり、表示領域が広がった

STEPUPカスタマイズ2　タイルの切り替えのタイミングをランダムにする

1 オプションの効果を適用して切り替えスピードを変える

現在は表示されているタイルすべてが同じスピードで切り替えるように設定されていますが、それぞれがランダムで回転するようにすると効果的です。❶［content.php］をクリックします。ソースコードが表示されたら、❷ `<?php else : ?>` の下を 16-G の記述に差し替えて ❸［ファイルを更新］をクリックします。

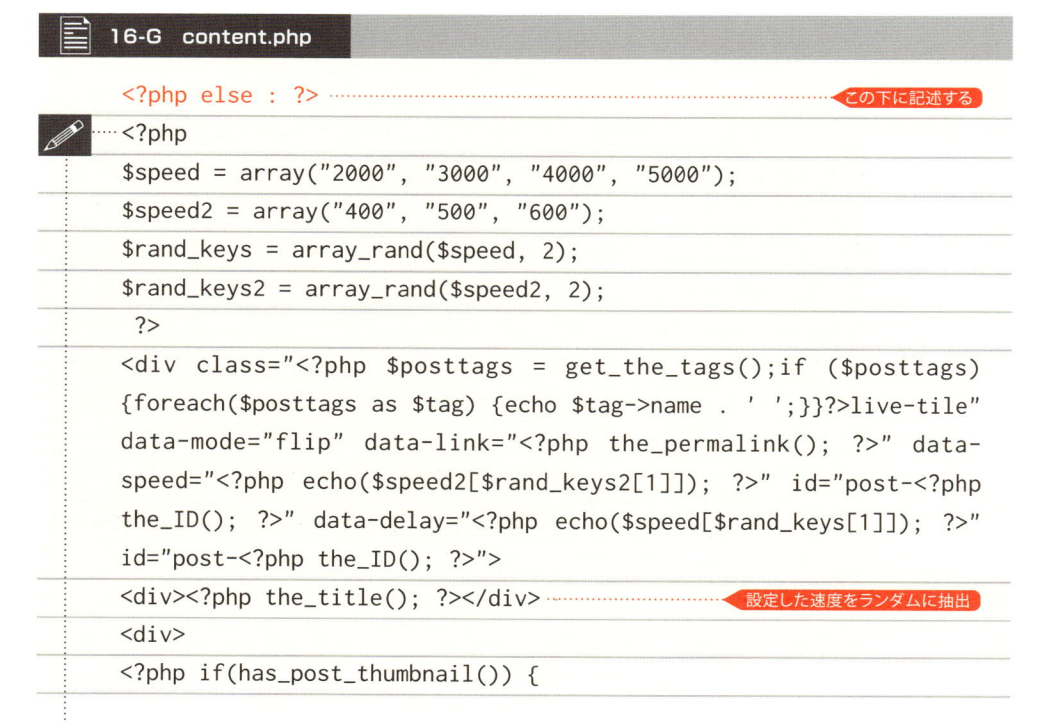

16-G content.php

```
<?php else : ?>
```
……この下に記述する

```
<?php
$speed = array("2000", "3000", "4000", "5000");
$speed2 = array("400", "500", "600");
$rand_keys = array_rand($speed, 2);
$rand_keys2 = array_rand($speed2, 2);
 ?>
<div class="<?php $posttags = get_the_tags();if ($posttags) {foreach($posttags as $tag) {echo $tag->name . ' ';}}?>live-tile" data-mode="flip" data-link="<?php the_permalink(); ?>" data-speed="<?php echo($speed2[$rand_keys2[1]]); ?>" id="post-<?php the_ID(); ?>" data-delay="<?php echo($speed[$rand_keys[1]]); ?>" id="post-<?php the_ID(); ?>">
<div><?php the_title(); ?></div>
```
……設定した速度をランダムに抽出

```
<div>
<?php if(has_post_thumbnail()) {
```

```
        echo the_post_thumbnail();
      } else {
echo "<p>";
echo mb_substr(strip_tags($post-> post_content),0,30);
echo "</p>";
}?>
    </div>
  </div>
<?php endif; // is_single() ?>
<?php if ( is_search() ) : // Only display Excerpts for Search ?>
<div class="entry-summary">
<?php the_excerpt(); ?>
</div><!-- .entry-summary -->
<?php endif; ?>
```

data-delay="<?php echo($speed[$rand_keys[1]]); ?>" は、4 パターン用意した速度からランダムで呼び出している。数値は表を参考に設定する

オプションで設定できる効果

オプション名	効果
表示時間を ミリ秒で設定	speed = array("2000", "3000", "4000", "5000"); 順に 2 秒、3 秒、4 秒、5 秒となる。2,3 秒あれば、文字でもしっかり読める程度の表示時間と考えられるが、一斉に切り替わるので、少し長めの設定にしておきましょう。
パネルの切り替え速度をミリ秒で設定	$speed2 = array("400", "500", "600"); 0.4-0.6 秒で指定。あまり時間が長いと動きが悪く見えてしまう。

◉ 完 成

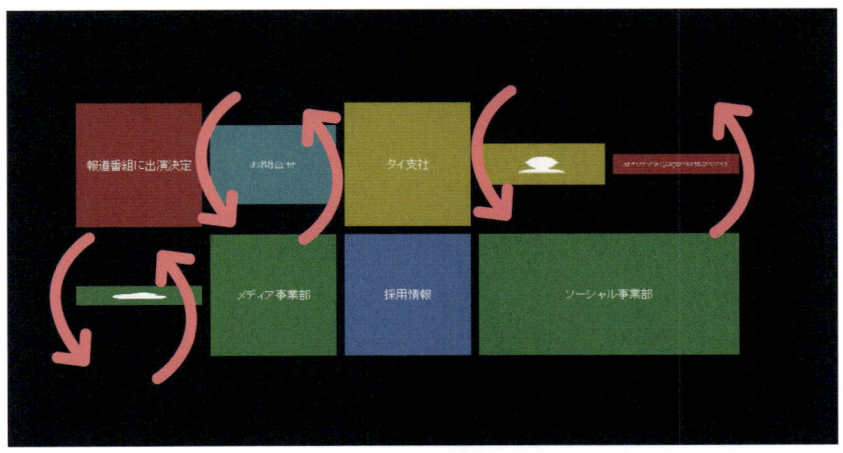

それぞれのタイルが独立しているようにランダムに回転する。アイコンや画像、テキストを適度に表示するといい

ナビゲーション 17

入力フォームのチェックボックスやラジオボタンをデザインする

使用するjQuery jqTransform

標準のフォームでは、デザイン的な要素がなにもなく、物足りなく感じることも

立体的で洗練された印象に。入力するアンケートフォームは、固定ページに表示され、送信されたアンケート内容は、メールで受け取ることができる

ラジオボタンやチェックボックスなどの味気ない入力フォームをスマートなデザインに変更します。入力フォームは機能することが第一なので、デザインを作り込む必要がありませんが、見た目のデザインが工夫されていると、コンバージョンが上がるWebサイトになるのではないでしょうか。

jQuery Profile

■ 対象ブラウザ
IE6 以上 , Safari 2 以上 , Firefox 2 以上

NAME jqTransform

URL http://www.dfc-e.com/metiers/multimedia/opensource/jqtransform/

DL http://www.impressjapan.jp/books/1112101139_4

フォルダ構成 ［3438_WPjQ］ - ［Navigation］ - ［17jqTransform］

制作の流れ

STEP 1 アンケートページを作成する

STEP 2 アンケートを設置する固定ページを作成する

STEP 3 jQueryプラグインをサーバーにアップロードする

STEP 4 WordPressのテーマを編集する

STEP 1 アンケートページを作成する

1 Contact Form 7 をインストールする

WordPressの入力フォームを作成できるプラグイン「Contact Form 7」をインストールします。[ダッシュボード]画面で❶[プラグイン] - ❷[新規追加]をクリックします。

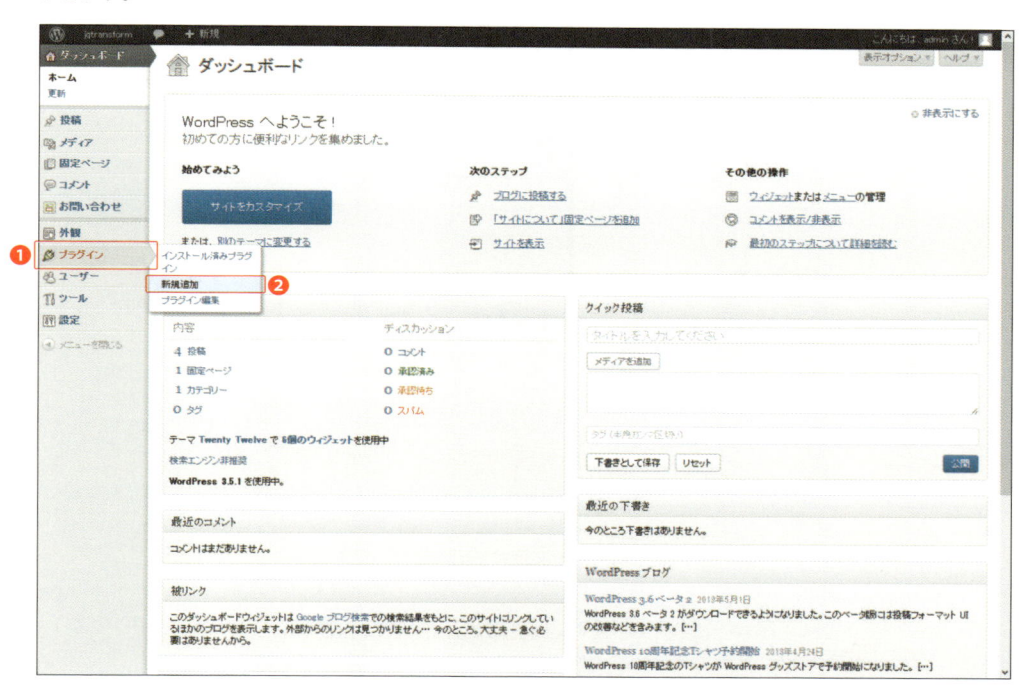

［プラグインのインストール］画面で、［検索］に❸「Contact Form 7」と入力して❹［プラグインの検索］をクリックします。「Contact Form 7」が表示されたら❺［いますぐインストール］をクリックします。インストールされたら、❻［プラグインを有効化］をクリックします。

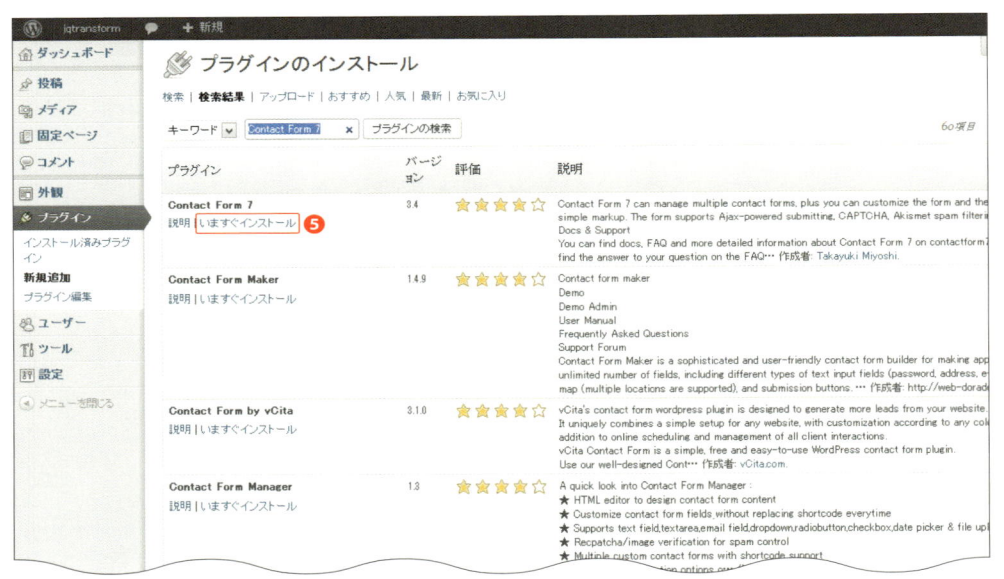

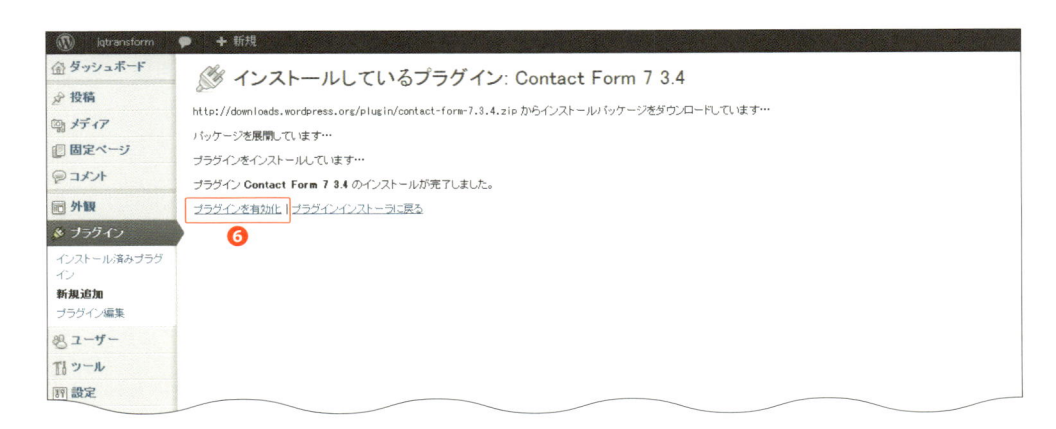

|ナビゲーション

2 フォームを作成する

［ダッシュボード］画面に ❶［お問い合わせ］メニューが表示されるのでクリックします。❷［コンタクトフォーム 1］と書かれたタイトル部分をクリックして編集画面に切り替えます。❸［フォーム］部分に初期設定の項目が入力されているので、 17-A のコードをコピーして差し替えます。この基本の記述をもとに修正します。

17-A フォーム

```
<p>お名前（必須）<br />
    [text* your-name] </p>


<p style="clear:both;">日曜日に何をしていますか <br/ >


</p>


<p>週末は好きですか <br/ >


</p>


<p>[submit "送信"]</p>
```

<p></p> タグで囲まれたテキストが 1 つの項目として表示される。<p></p> タグの間の質問内容は自由に変更できる

3 アンケートフォームの項目を設定する

STEP 1-2のアンケートフォームを作成する場合を例に説明します。ここでは「日曜日に何をしていますか」の回答方法にチェックボックスを表示させる方法を解説します。［タグ作成］のプルダウンメニューから❶［チェックボックス］の項目をクリックします。用途に合わせてさまざまな項目が選べます。続けて、回答時に選ぶ選択項目を作成します。❷［選択項目］のテキストエリアに選択項目を入力します。1行につき、1つの選択項目を入力します。2つ以上の選択項目を追加する場合は改行して入力します。❸をクリックするとコードが生成されるので、コピーして❹［フォーム］の質問項目の下の行にペーストします。

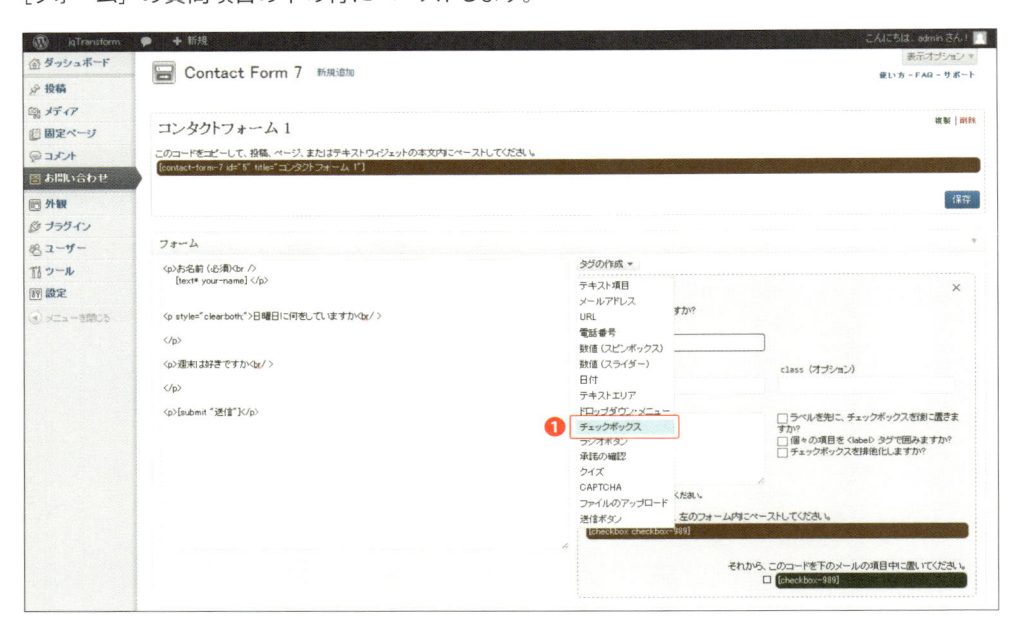

4 メールの送信を設定する

コンタクトフォームで必要項目が設定できたら、Webサイトからアンケート内容を送信して管理者に届くようにします。［Contact Form 7］の画面で❶［メール］タブをクリックします。❷［宛先］にアンケートページから送信した内容を受信する宛先のメールアドレスを入力します。［差出人］は、そのままで構いません。❸［件名］にはメールの件名に記載される件名を入力します。ここでは「アンケートの内容」としましたが、任意で構いません。続けて、アンケートの回答がメールに記載されるように設定します。STEP 1-3で生成された❹のコードをコピーし、❺［メッセージ本文］の［your-message］の記述を削除してペーストします。[checkbox-数字]は、STEP 1-3の手順で生成したフォーム内の番号とメール本文の番号が同じになります。

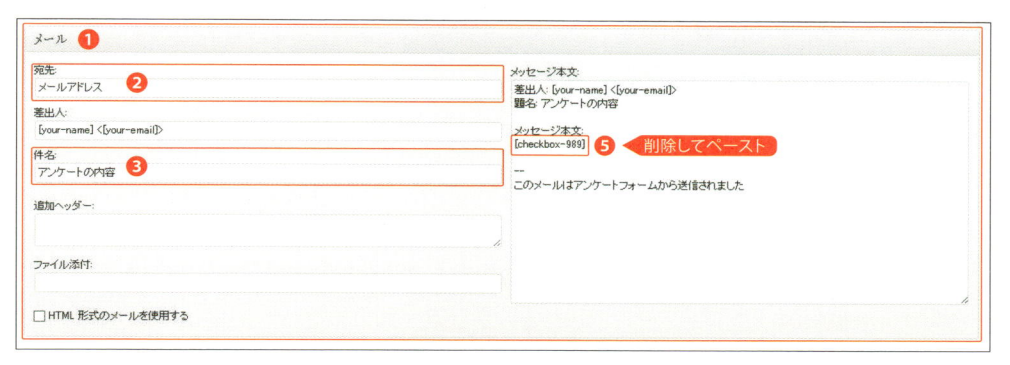

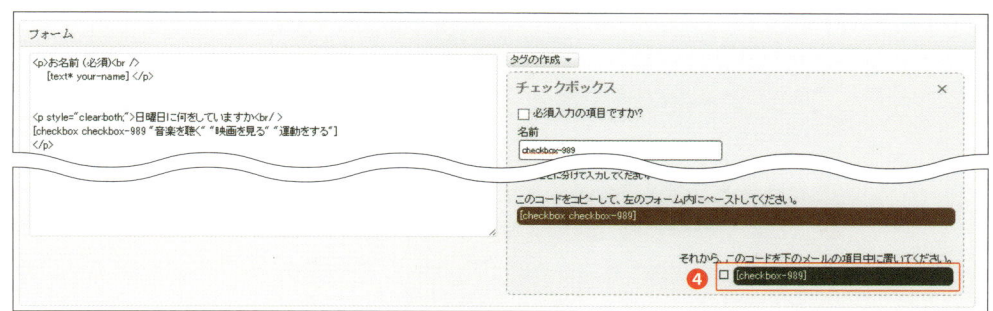

5 ほかの項目も設定する

STEP 1-3と1-4の手順を繰り返して、「週末は好きですか?」の質問にラジオボタンを設置し、メールを受信する設定をしておきます。ここでは、STEP 1-3の❶で「ラジオボタン」を選択し、❷の選択項目に「はい」「いいえ」「どちらでもない」と入力しています。STEP 1-4の❺ではすでに記載しているコードの下の行に新しいコードをペーストしましょう。設定が終わったら❻[保存]をクリックして、❼[コンタクトフォーム1]に生成されたコードをコピーします。

STEP 2 アンケートを設置する固定ページを作成する

アンケートを設置するために固定ページを作成します。[ダッシュボード]画面で❶[固定ページ]-❷[新規追加]をクリックします。❸タイトルにアンケート名を入力し、❹ STEP 1-5でコピーしたフォームのコードを記事エリアにペーストして❺[公開]をクリックします。❻このとき[パーマリンク]に表示されている固定ページIDをコピーしておきます。

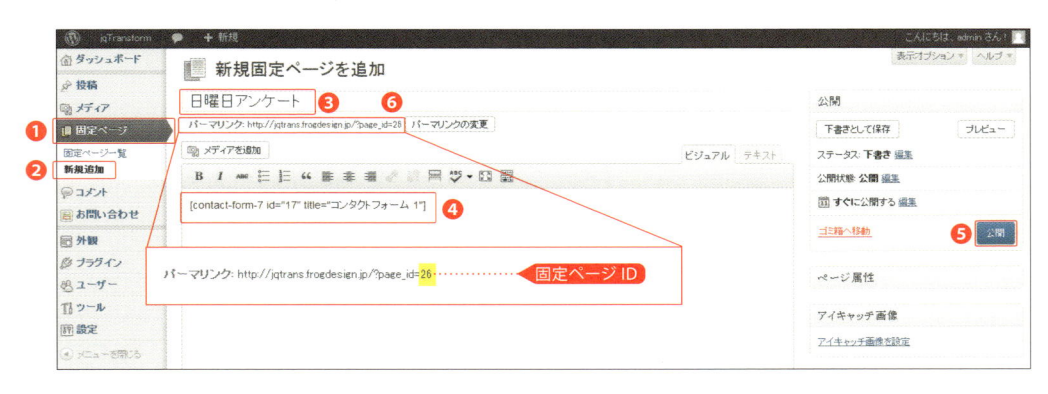

STEP 3 jQuery プラグインをサーバーにアップロードする

1 jQuery プラグインと画像をアップロードする

jqTransform をダウンロードし、「jqtransform.js」を「js」フォルダにアップロードします。jqTransform ではさらに、「img」フォルダ内にある画像ファイルが必要なので、フォルダごとサーバーにアップロードします。CSS ファイルは STEP 3-2 で編集してからアップロードするので、ここではアップロードしないでください。

2 CSS ファイルのディレクトリの記述を変更し、アップロードする

jqTransform は、ダウンロードしたままの状態では CSS に記述されている画像パスがサーバーのディレクトリ構造と異なるため、そのまま「css」フォルダへアップロードしてしまうと画像を正しく読み込めません。そこで、「jqtransform.css」内に記述されている画像参照元フォルダのパスを変更します。記述をすべて赤字部分のように「../img」に変更してください。変更したら保存して、サーバーの「css」フォルダにアップロードします。

jqtransform.css

```
button.jqTransformButton span {
        background: transparent url(../img/btn_right.gif) no-repeat right top;
        display: block;
        float: left;
        padding: 0px 4px 0px 0px; /* sliding doors padding */
        margin: 0px;
        height: 33px;
```

CSS ファイル内のすべての画像のパスを修正

STEP 4 WordPress のテーマを編集する

1 jQuery プラグインを読み込む

WordPress が読み込めるようにテーマの［ヘッダー（header.php）］を編集します。［ダッシュボード］画面で ❶［外観］- ❷［テーマ編集］をクリックして ❸［ヘッダー（header.php）］をクリックします。ソースコードが表示されたら ❹ `<?php wp_head(); ?>` の下に 17-B のように jQuery を読み込む記述を追加します。「数字」部分は、STEP 1-3 でコピーした固定ページ ID を入力します。❺［ファイルを更新］をクリックします。

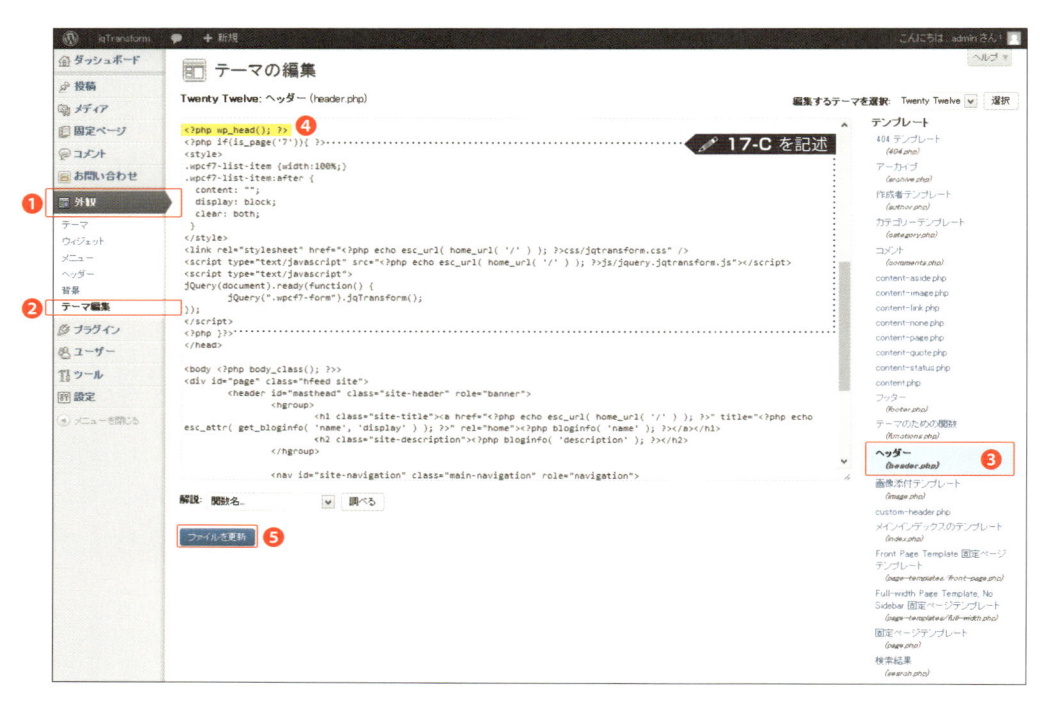

17-B header.php

```
<?php wp_head(); ?>                              この下に記述する
<?php if(is_page('数字')){ ?>
<style>
.wpcf7-list-item {width:100%;}
.wpcf7-list-item:after{
  content: "";
  display: block;
  clear: both;
 }
</style>
<link rel="stylesheet" href="<?php echo esc_url(
home_url( '/' ) ); ?>css/jqtransform.css" />      CSS を読み込む
```

```
    <script type="text/javascript" src="<?php
    echo esc_url( home_url( '/' ) ); ?>js/jquery.
    jqtransform.js"></script>                          ←── jQuery を読み込む
    <script type="text/javascript">
    jQuery(document).ready(function() {
        jQuery(".wpcf7-form").jqTransform();
    });
    </script>
    <?php }?>
```

「数字」部分は、固定ページ ID を入力する

完成

日曜日アンケート

お名前 (必須)

日曜日に何をしていますか

☐ 音楽を聴く
☐ 映画を見る
☐ 運動をする

週末は好きですか

○ はい
○ いいえ
○ どちらでもない

[送信]

ナビゲーション 18

カレンダーをクリックして自動で日付を入力する

使用するjQuery jQuery date picker plug-in

フォームなどで日付を入力する際、カレンダーを表示してクリックするだけで日付を入力できます。わずらわしい入力作業を省き、ユーザーのWebサイトの離脱率を下げたり、入力ミスによる管理者の工数負荷をなくしたりするために導入したいプラグインです。

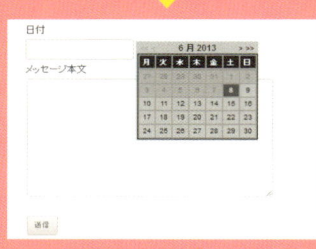

カレンダーアイコンを表示して簡単に入力できる

入力欄をクリックしてカレンダーを表示させることも可能

jQuery Profile

■ 対象ブラウザ
IE 6 以上、Safari 6.03、Chrome 27、Firefox 22

NAME jQuery date picker plug-in

URL http://www.kelvinluck.com/assets/jquery/datePicker/v2/demo/index.html

DL http://www.impressjapan.jp/books/1112101139_4

フォルダ構成 ［3438_WPjQ］-［Navigation］-［18jQuerydatepickerplug-in］

制作の流れ

STEP 1 お問い合わせページを作成する

STEP 2 jQuery プラグインをサーバーにアップロードする

STEP 3 WordPress のテーマを編集する

STEP 4 CSS でカレンダーを表示する

STEPUP カスタマイズ 日付を自動入力する

カレンダーをクリックしてフォームに自動で日付を入力できる

STEP 1　お問い合わせページを作成する

1 Contact Form 7 をインストールする

Web サイトでは、必ず設置されている「お問い合わせ」などの入力フォーム。ここでは、入力フォームを作成して簡単に日時を入力できるカレンダーを表示させます。WordPress の入力フォームを作成できるプラグイン「Contact Form 7」をインストールします。［ダッシュボード］画面で❶［プラグイン］-❷［新規追加］をクリックします。［プラグインのインストール］画面で、［検索］に❸「Contact Form 7」と入力して❹［プラグインの検索］をクリックします。「Contact Form 7」が表示されたら❺［いますぐインストール］をクリックします。インストールされたら、❻［プラグインを有効化］をクリックします。操作画面は P209 の STEP 1-1 を参照してください。

2 フォームを作成する

［ダッシュボード］画面に❶［お問い合わせ］メニューが表示されるのでクリックします。❷［コンタクトフォーム 1］と書かれたタイトル部分をクリックして編集画面に切り替えます。

❸［フォーム］をクリックすると入力フォームが表示されます。入力フォーム部分には初期設定の項目が入力されています。❹ 18-A のように日付の項目部分だけを入力します。次に❺［タグの作成］-❻［テキスト項目］をクリックして、❼「class（オプション）」に「datepicker」と入力します。❽をクリックするとコードが表示されるので、コードをコピーして、フォーム内の❾（❹で入力した日付の項目の下）に貼り付けて❿［保存］をクリックします。⓫コードをコピーしておきます。このお問い合わせフォームの回答を受信するためには、この後にメールの送受信の設定をします。メールの設定については P213 を参照してください。

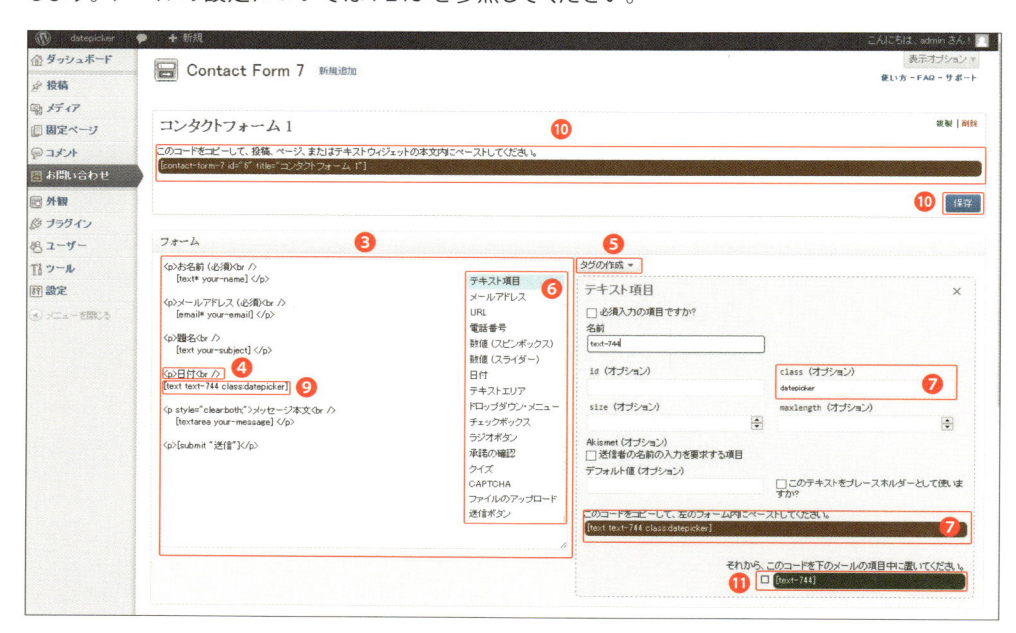

18-A

```
<p>お名前（必須)<br />
    [text* your-name] </p>
```

```
<p>メールアドレス（必須)<br />
    [email* your-email] </p>
```

```
<p>題名 <br />
    [text your-subject] </p>
```

```
<p>日付 <br />
```
……………………入力する
……………………ここにコピーしたコードをペーストする

```
<p style="clear:both;">メッセージ本文 <br />
    [textarea your-message] </p>
```

```
<p>[submit ” 送信 ”]</p>
```

3 お問い合わせページを設置する固定ページを作成する

お問い合わせページを表示するために固定ページを作成します。[ダッシュボード]画面で❶[固定ページ]-❷[新規追加]をクリックします。❸タイトルを入力し、❹[テキスト]タブをクリックして STEP 1-2 でコピーしたコードを❺記事エリアにペーストしたら❻[公開]をクリックします。❼このとき[パーマリンク]に表示されている固定ページ ID をコピーしておきます。

STEP 2　jQueryプラグインをサーバーにアップロードする

1 jQueryプラグインをアップロードする

本書のダウンロードページからサンプルをダウンロードし、その中の「jquery.datePicker.js」と、日付用ファイルの「date.js」、「data_jp.js」をサーバーの「js」フォルダにアップロードします。「datePicker.css」を「css」フォルダにアップロードします。カレンダー用のアイコン画像「calendar.png」を「images」フォルダにアップロードします。

STEP 3 WordPress のテーマを編集する

1 jQueryプラグインを読み込む記述を追加する

jQuery プラグインを WordPress が読み込めるようにテーマの［ヘッダー（header.php）］を編集します。［ダッシュボード］画面で❶［外観］-❷［テーマ編集］をクリックして❸［ヘッダー（header.php）］をクリックします。ソースコードが表示されたら❹ `<?php wp_head(); ?>` の下に、 18-B のように記述を追加します。「数字」部分は、STEP 1-3 でコピーした固定ページ ID を入力します。❺［ファイルを更新］をクリックします。

18-B header.php

```
<?php wp_head(); ?>                                        ← この下に記述する
<?php if(is_page('数字')){ ?>                              ← 固定ページIDを記述
<link rel="stylesheet" href="<?php echo esc_url( home_url( '/' ) ); ?>css/datePicker.css" />
<script type="text/javascript" src="<?php echo esc_url( home_url( '/' ) ); ?>js/jquery.datePicker.js"></script>
<script type="text/javascript" src="<?php echo esc_url( home_url( '/' ) ); ?>js/date.js"></script>
<script type="text/javascript" src="<?php echo esc_url( home_url( '/' ) ); ?>js/date_jp.js"></script>
<script type="text/javascript">
jQuery(document).ready(function() {
    Date.format = 'yyyy/mm/dd';
    jQuery('.datepicker').datePicker();
});
</script>
<?php }?>
```

| ナビゲーション

STEP 4　CSS でカレンダーを表示する

1　[ヘッダー（header.php）] に記述を追加してカレンダーを表示する

フォームを入力する際、カレンダーを表示してクリックを促すためカレンダーをCSS で表示させます。[ヘッダー（header.php）] に記述を追加します。 18-C の記述を❶ `<?php if(is_page(' 数字 ')){ ?>` の下に追加して❷ [ファイルを更新] をクリックします。

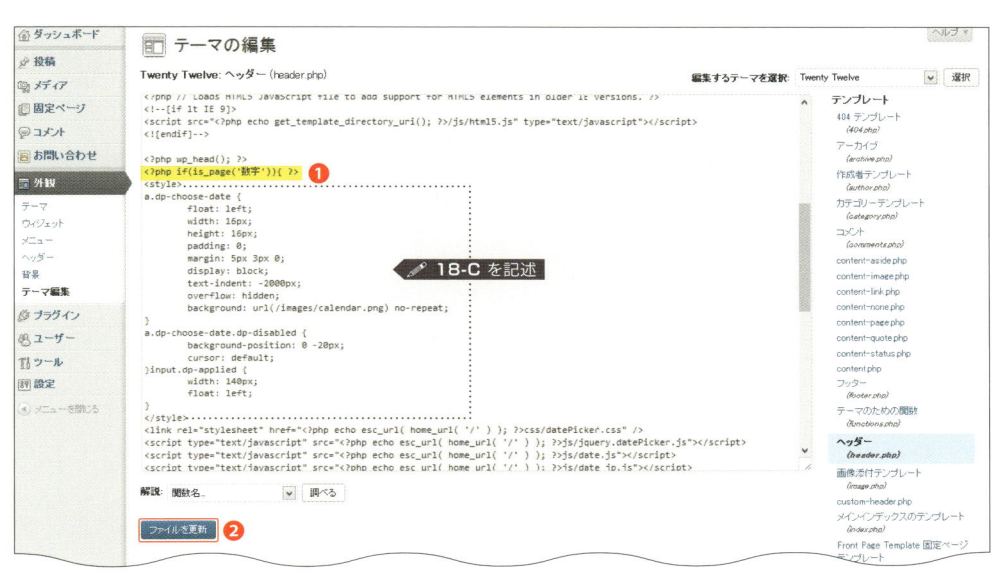

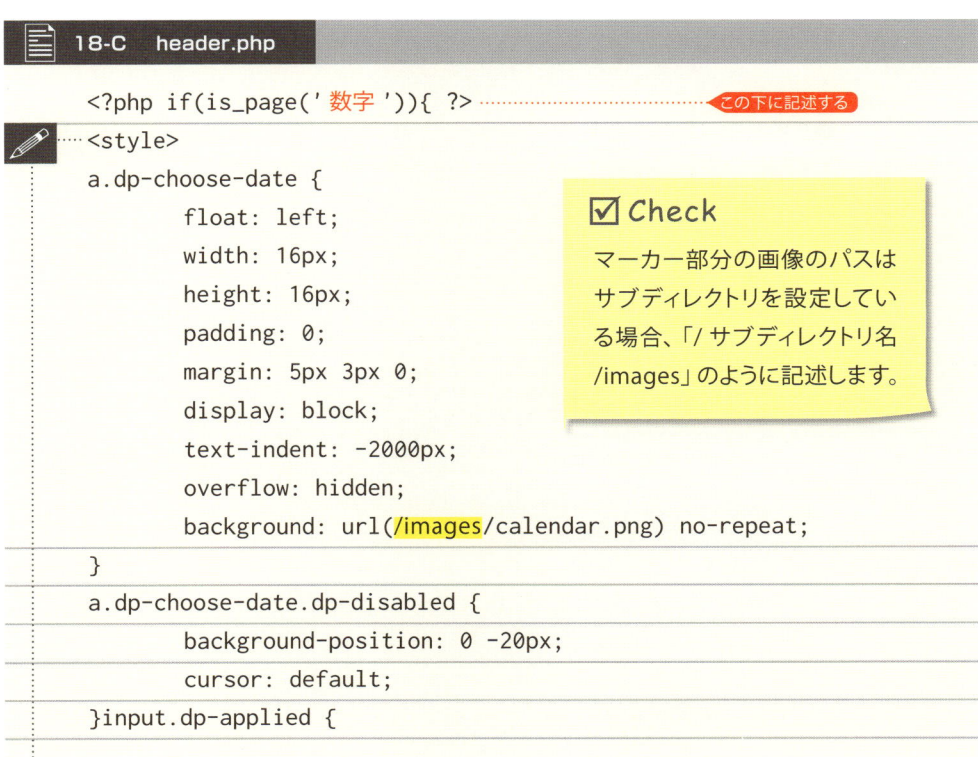

18-C　header.php

```
<?php if(is_page(' 数字 ')){ ?>          ……この下に記述する
<style>
a.dp-choose-date {
    float: left;
    width: 16px;
    height: 16px;
    padding: 0;
    margin: 5px 3px 0;
    display: block;
    text-indent: -2000px;
    overflow: hidden;
    background: url(/images/calendar.png) no-repeat;
}
a.dp-choose-date.dp-disabled {
    background-position: 0 -20px;
    cursor: default;
}input.dp-applied {
```

> ☑ **Check**
> マーカー部分の画像のパスはサブディレクトリを設定している場合、「/ サブディレクトリ名/images」のように記述します。

18　カレンダーをクリックして自動で日付を入力する

```
            width: 140px;
            float: left;
        }
</style>
```

◉ 完 成

日付の入力ボックスの横にアイコン画像が表示される

アイコン画像をクリックするとカレンダーが表示された

STEPUP カスタマイズ　日付を自動入力する

1 日付を自動入力するオプションを設定する

カレンダーの日付を選択せずに、自動で入力できるように記述を変更してみましょう。
❶ [ヘッダー（header.php）] の [テーマの編集] 画面で、❷ `Date.format = 'yyyy/mm/dd';` の下の記述を 18-D のように赤の記述だけ変更します。

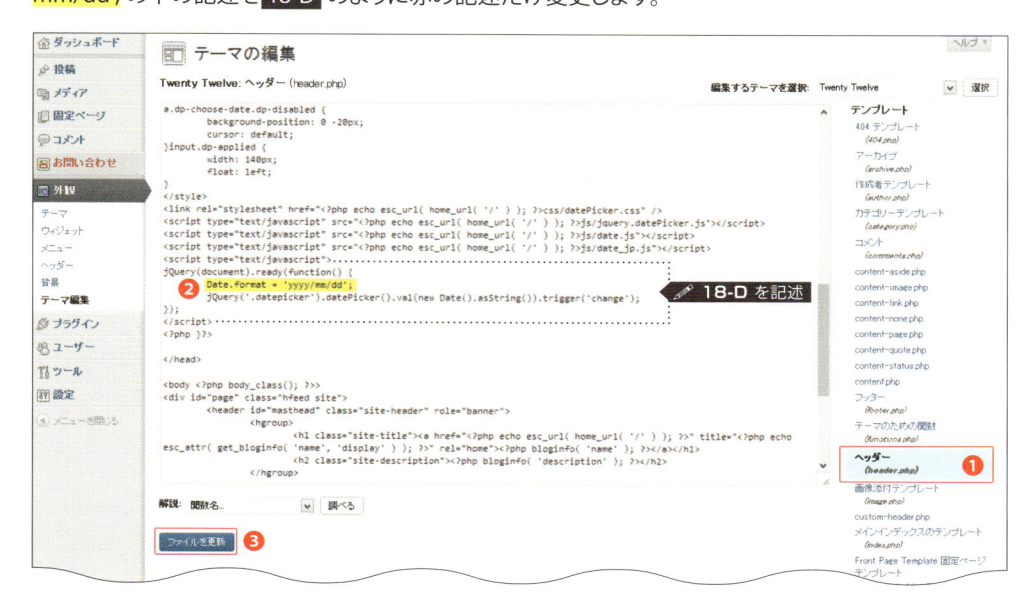

18-D　header.php

```
<script type="text/javascript">
jQuery(document).ready(function() {
    Date.format = 'yyyy/mm/dd'; ……この下に記述する
    jQuery('.datepicker').datePicker().val(new Date().asString()).trigger('change');
});
</script>
```

赤字の記述部分のみ変更

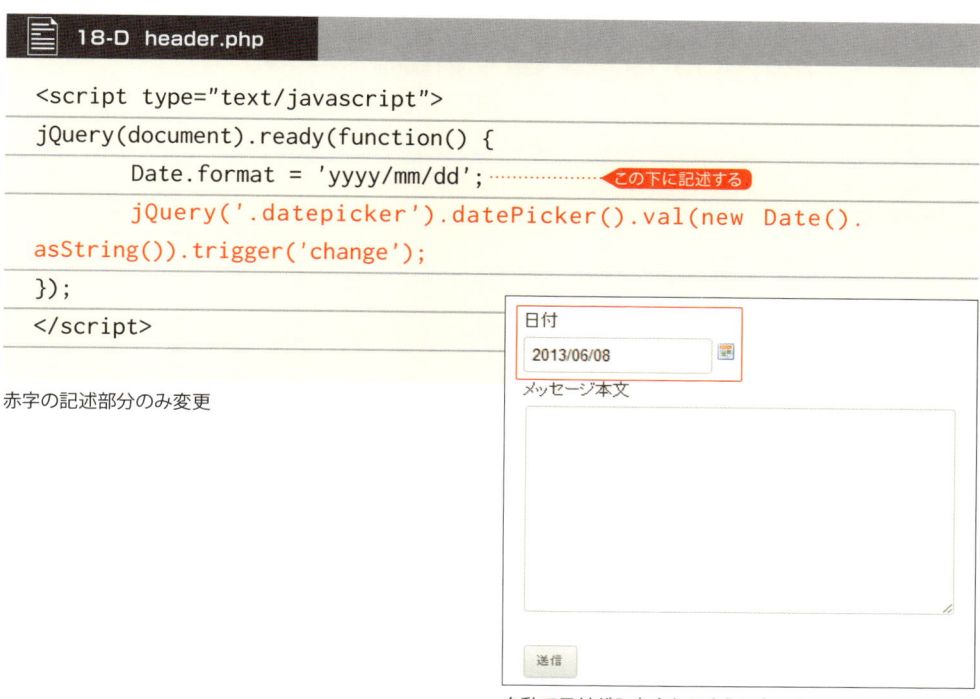

自動で日付が入力されるようになった

2 入力エリアをクリックするとカレンダーが表示される設定にする

入力エリアをクリックすることでカレンダーを表示するようにできます。STEP 1-1 と同様に［ヘッダー（header.php）］の記述を 18-E のように変更します。どちらか追加したいオプションを選んで適用しましょう。

18-E　header.php

```
<script type="text/javascript">
jQuery(document).ready (function() {
    Date.format = 'yyyy/mm/dd'; ……この下に記述する
    jQuery('.datepicker').datePicker({clickInput:true})
});
</script>
```

赤字の記述部分のみ変更

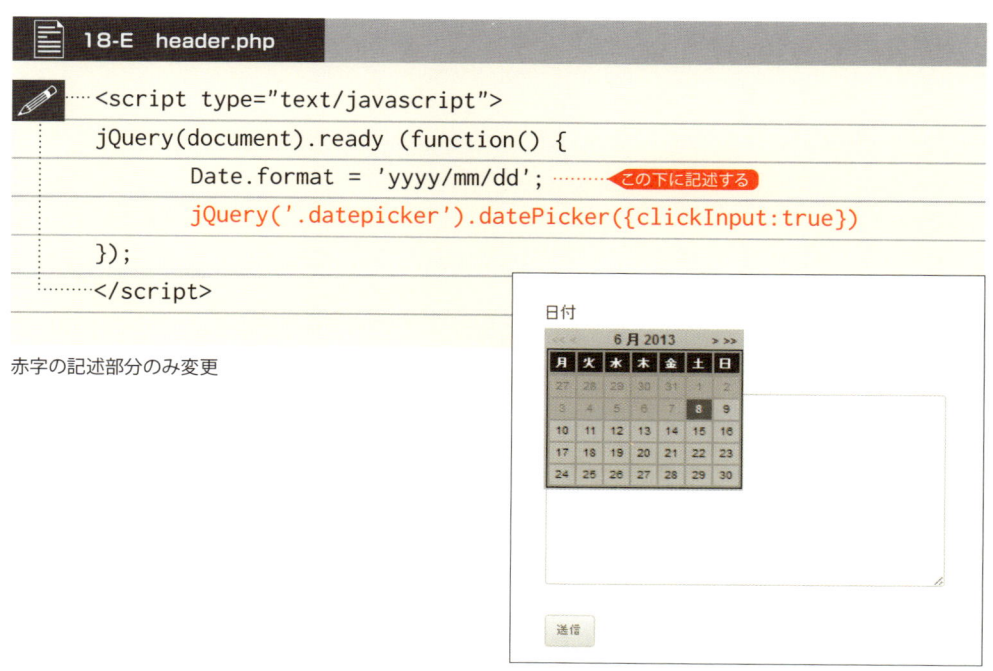

入力ボックスをクリックするとカレンダーが表示される

ナビゲーション 19 風でめくられるように画像が切り替わるアーカイブ

使用するjQuery ▶ Windy

座ってポーズする女性
まるでモデルのようにポーズをとる

ボタンを適用したデザイン。1枚ずつばらばらめくるのに適している

スライダーを適用した例。コンテンツに応じて使い分けると効果的

複数の投稿記事の画像が風でめくられるように次々と表示されます。カテゴリーアーカイブのような目次的な役割のページも、ひとつのコンテンツとして楽しませることができます。画像にコメントも付けられるので、作品ギャラリーとして使ってもいいでしょう。ボタンをクリックして1枚ずつ表示させるボタン型と、スライダーバーを動かして一気にめくれるスライダー型があるので、目的に応じて選んで設置しましょう。画像を1枚ずつしっかり見せたいならボタン型、風でめくれる効果自体を強調したいならスライダー型がおすすめです。

jQuery Profile

■対象ブラウザ
IE 11、Safari 6.03、Chrome 27、Firefox 22、Opera 12.15
NAME　Windy
URL　http://tympanus.net/codrops/2012/10/09/windy-a-plugin-for-swift-content-navigation/
DL　http://tympanus.net/codrops/2012/10/09/windy-a-plugin-for-swift-content-navigation/
　　http://www.impressjapan.jp/books/1112101139_4
フォルダ構成　[3438_WPjQ] - [Navigation] - [19Windy]

制作の流れ

STEP 1 jQuery プラグインをサーバーにアップロードする

STEP 2 表示させたい画像を投稿する

STEP 3 WordPress のテーマを編集する

STEP 4 ナビゲーションを設置する

STEP 1　jQuery プラグインをサーバーにアップロードする

1 JavaScript ファイルと CSS ファイルをアップロードする

jQuery プラグイン作者のページ（http://tympanus.net/codrops/2012/10/09/windy-a-plugin-for-swift-content-navigation/）から Windy をダウンロードします。「jquery.windy.js」「modernizr.custom.79639.js」「jquery-ui-1.8.23.custom.min.js」の 3 つのファイルをサーバーの「js」フォルダに、「windy.css」「jquery.ui.slider.css」を「css」フォルダにアップロードします。また、「img」フォルダ内のナビゲーション用の画像「nav.png」をサーバーの「images」フォルダにアップロードします。

> ☑ **Check**
>
> 「jquery-ui-1.8.23.custom.min.js」「jquery.ui.slider.css」の 2 つのファイルは、スライダー専用のファイルです。ボタンを設置する場合はアップロードしなくても構いません。ナビゲーション用画像の「nav.png」はボタン専用のファイルです。スライダーを設置する場合は、アップロードしなくても構いません。

STEP 2　表示させたい画像を投稿する

1 切り替え用の画像を準備する

切り替え用の「幅:150px、高さ:150px」の正方形の画像を 4 枚用意しておきます。それぞれのファイル名は、「Windy1.jpg」〜「Windy4.jpg」のように英数字でわかりやすいファイル名を付けておきます。

2 カテゴリーを作成する

jQuery プラグインを設置するカテゴリーを作成します。ここでは「ギャラリー」という名前のカテゴリーを作成していますが、違う名前のカテゴリーにする場合は、STEP 4-1 のソースコードのカテゴリー名を変更してください。[ダッシュボード]画面で、❶[投稿] - ❷[カテゴリー]をクリックします。❸[新規カテゴリーを追加]から、❹[名前]に「ギャラリー」、❺[スラッグ]に「gallery」と入力して、❻[新規カテゴリーを追加]をクリックします。カテゴリーが登録されました。❼[投稿] - ❽[新規追加]をクリックして[新規投稿を追加]画面の右カテゴリータブに❾[ギャラリー]カテゴリーができました。

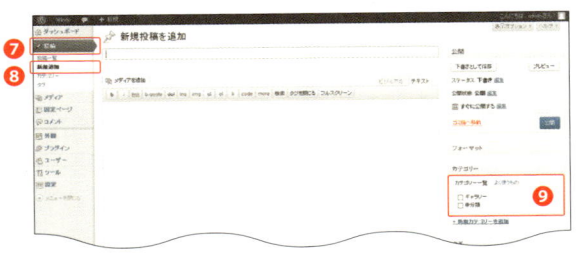

> **Hint スラッグとは**
>
> [スラッグ]欄に入力した内容は class 名として扱うことができます。ここでは入力しなくても問題ありませんが、SEO 対策を考える場合は半角英数字で入力しておくのがいいでしょう。

3 記事を作成し、アイキャッチ画像を登録する

STEP 2-1 で作成した画像を記事のアイキャッチ画像に登録します。[ダッシュボード]画面で❶[投稿] - ❷[新規追加]をクリックして、❸タイトルと本文を入力します。入力内容は画像の下に表示されるので、画像についてのコメントなどを短くまとめるといいでしょう。後で変更もできます。次にアイキャッチ画像を登録します。❹[アイキャッチ画像を設定]をクリックし、❺[ファイルをアップロード]画面に画像を 4 枚同時にドラッグ＆ドロップします。

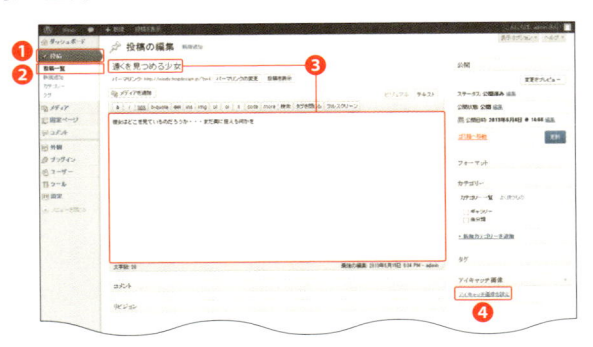

サムネイルが表示されたら、❻表示させたい画像をクリックして、❼［アイキャッチ画像を設定］をクリックします。❽これで画像が登録できました。❾［カテゴリー一覧］に［ギャラリー］が作成されているので、チェックボックスをクリックしてチェックマークを付けます。❿［公開］をクリックして記事を公開します。同様に表示する画像の記事を作成します。

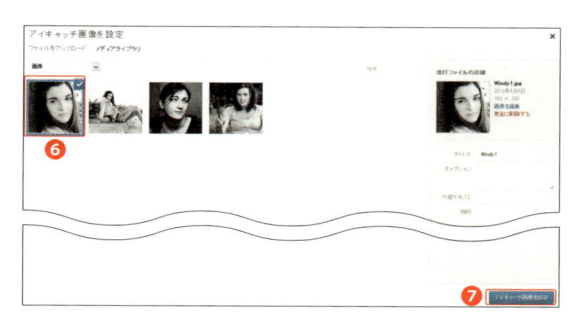

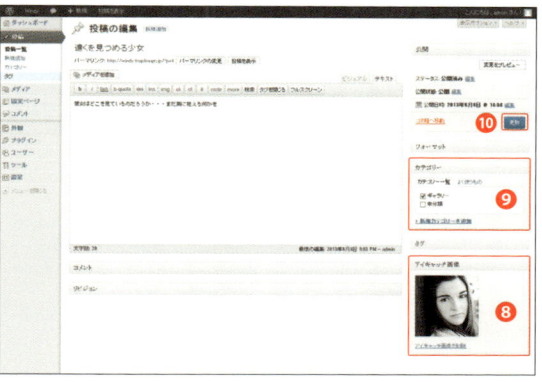

Hint　ライブラリからアイキャッチ画像の登録

最初にドラッグ＆ドロップで複数枚同時にライブラリに画像を登録した場合、2回目以降の投稿では、すでに登録してある写真の中からアイキャッチ画像に登録したい写真を選択するだけで登録できます。

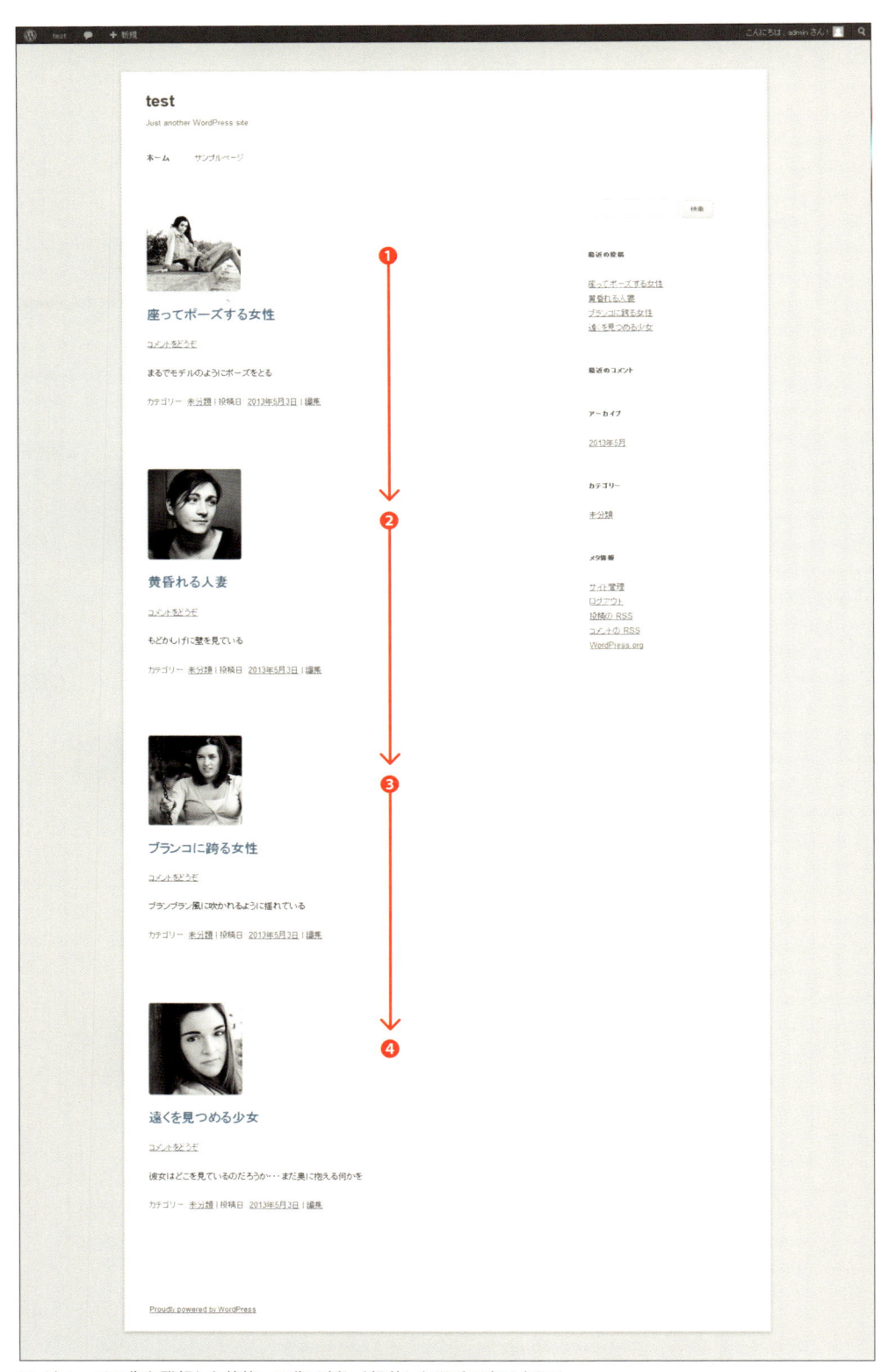

アイキャッチ画像を登録した状態。画像は新しく投稿した順番に表示される

| ナビゲーション

STEP 3 WordPressのテーマを編集する

1 [フッター（footer.php）] を編集する

jQueryプラグインをWordPressが読み込めるようにテーマの［フッター（footer.php）］を編集します。［ダッシュボード］画面で❶［外観］-❷［テーマの編集］をクリックして❸［フッター（footer.php）］をクリックします。ソースコードが表示されたら、❹ `<?php wp_footer(); ?>` の下に 19-A の記述を追加して❺［ファイルを更新］をクリックします。このソースコードにはjQuery本体とプラグインのほか、ブラウザのHTML5やCSS3対応状況を簡単に調べる「Modernizr」というプラグインを読み込んでいます。また、マウス操作による「次へ」と「前へ」を実現できるようにナビゲーションの記述を追加しています。

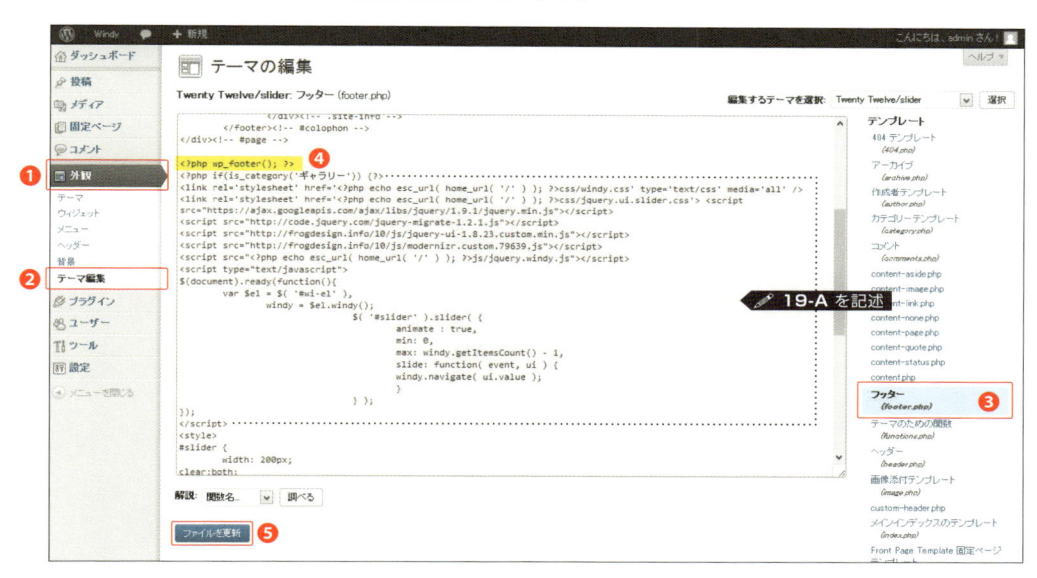

19-A footer.php

```
<?php wp_footer(); ?>                              ← この下に記述を追加する
<?php if(is_category(' ギャラリー ')) {?>
<link rel='stylesheet' href='<?php echo esc_url( home_url( '/' ) ); ?>css/windy.css' type='text/css' media='all' />    CSSを読み込む
<link rel='stylesheet' href='<?php echo esc_url( home_url( '/' ) ); ?>css/jquery.ui.slider.css'>    CSSを読み込む
<script type='text/javascript' src='http://ajax.googleapis.com/ajax/libs/jquery/1.9.1/jquery.min.js'></script>
<script src="http://code.jquery.com/jquery-migrate-1.2.1.js"></script>    CDNから読み込む
<script src="<?php echo esc_url( home_url( '/' ) ); ?>js/modernizr.custom.79639.js"></script>    jQueryを読み込む
```

19 風でめくられるように画像が切り替わるアーカイブ

NAVIGATION

```
<script src="<?php echo esc_url( home_url( '/' ) ); ?>js/jquery-ui-1.8.23.custom.min.js"></script>          ← jQueryを読み込む
<script src="<?php echo esc_url( home_url( '/' ) ); ?>js/jquery.windy.js"></script>                        ← jQueryを読み込む
<script type="text/javascript">
$(document).ready(function(){
    var $el = $( '#wi-el' ),
        windy = $el.windy(),
        allownavnext = false,
        allownavprev = false;
        $( '#nav-prev' ).on( 'mousedown', function( event ) {
          allownavprev = true;
          navprev();
        } ).on( 'mouseup mouseleave', function( event ) {
          allownavprev = false;
        } );
        $( '#nav-next' ).on( 'mousedown', function( event ) {
        allownavnext = true;
          navnext();
        } ).on( 'mouseup mouseleave', function( event ) {
        allownavnext = false;
    } );
    function navnext() {
      if( allownavnext ) {
        windy.next();
          setTimeout( function() {
            navnext();
          }, 150 );
        }
      }

    function navprev() {
      if( allownavprev ) {
        windy.prev();
          setTimeout( function() {
            navprev();
          }, 150 );
        }
      }

    $( '#slider' ).slider( {
    animate : true,
    min: 0,
```

```
            max: windy.getItemsCount() - 1,
            slide: function( event, ui ) {

windy.navigate( ui.value );
}
} );
});
</script>

<style>
#slider {
        width: 200px;
clear:both;
        margin: 50px auto 0;
        border-radius: 10px;
        border: none;
        box-shadow: 0 1px 1px rgba(255,255,255,0.8), inset 0 1px 2px rgba(0,0,0,0.3), 0 0 8px rgba(0,0,0,0.1), 0 1px 1px 8px rgba(255, 255, 255, 0.8);
        background: #b0d4e3;
background: -moz-linear-gradient(top, #b0d4e3 0%, #88bacf 100%);
background: -webkit-gradient(linear, left top, left bottom, color-stop(0%,#b0d4e3), color-stop(100%,#88bacf));
background: -webkit-linear-gradient(top, #b0d4e3 0%,#88bacf 100%);
background: -o-linear-gradient(top, #b0d4e3 0%,#88bacf 100%);
background: -ms-linear-gradient(top, #b0d4e3 0%,#88bacf 100%);
background: linear-gradient(to bottom, #b0d4e3 0%,#88bacf 100%);
}

#slider a {
        outline: none;
        cursor: pointer;
        border: none;
        background: white;
        border-radius: 50%;
        box-shadow: 0 3px 4px rgba(0,0,0,0.4);
}
</style>
<?php }?>
</body>
</html>
```

STEP 4 ナビゲーションを設置する

1 [content.php] を編集する

[ギャラリー] カテゴリーに登録した画像のみを表示するように [content.php] の記述を変更します。[ダッシュボード] 画面で❶ [外観] - ❷ [テーマ編集] をクリックして ❸ [content.php] をクリックします。ソースコードが表示されたら、❹ `?>` の下に 19-B の記述を追加します。違うカテゴリー名で設置する場合は、19-B 内の「ギャラリー」の文字列を任意の文字列に変更してください。❺ [ファイルを更新] をクリックします。

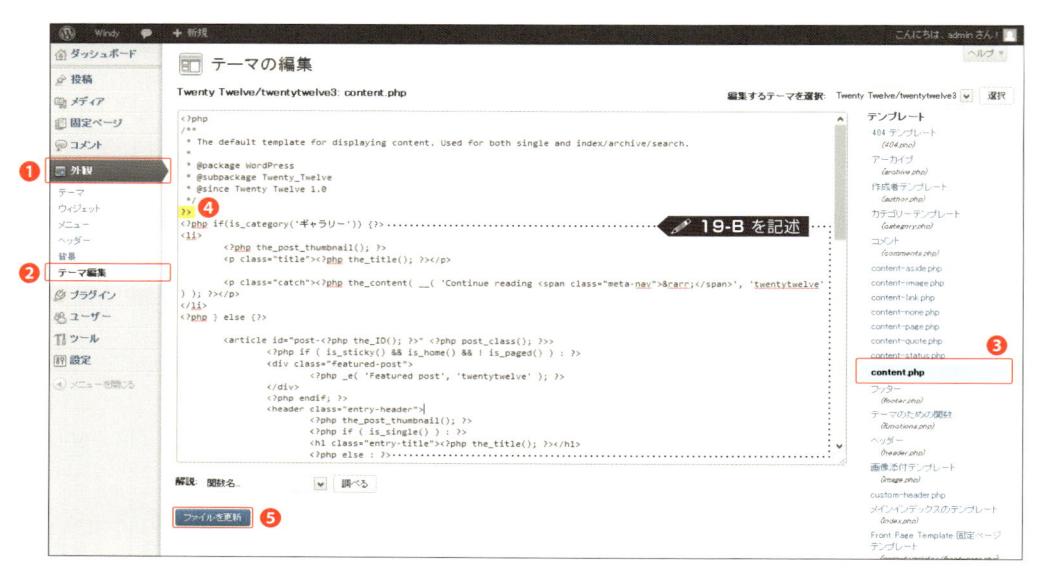

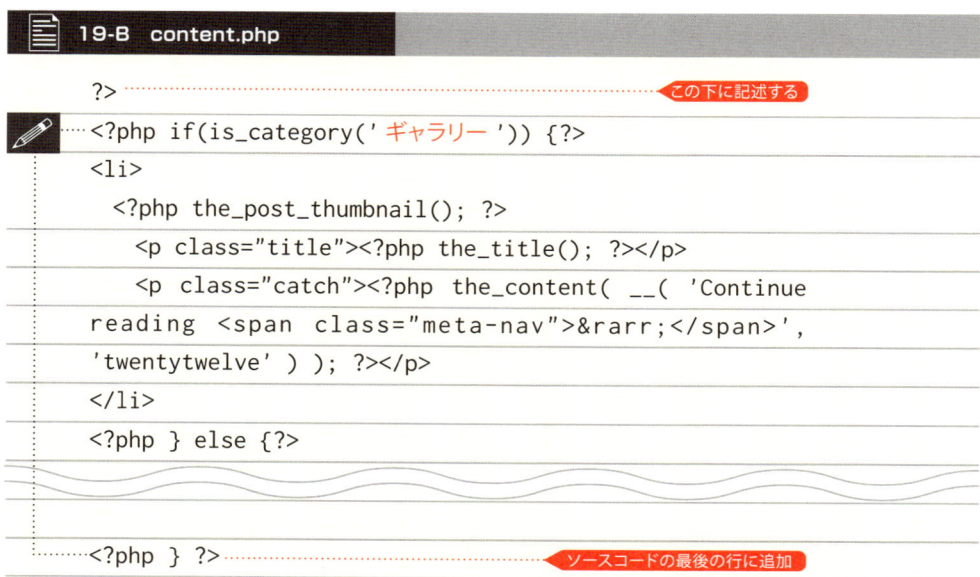

19-B content.php

```
?>                                            この下に記述する
<?php if(is_category('ギャラリー')) {?>
  <li>
    <?php the_post_thumbnail(); ?>
    <p class="title"><?php the_title(); ?></p>
    <p class="catch"><?php the_content( __( 'Continue reading <span class="meta-nav">&rarr;</span>', 'twentytwelve' ) ); ?></p>
  </li>
<?php } else {?>
```

```
<?php } ?>                                    ソースコードの最後の行に追加
```

2 [カテゴリーテンプレート (category.php)] を編集する

次にカテゴリーアーカイブのレイアウトを決めている、[カテゴリーテンプレート (category.php)] を編集します。ソースコードが表示されたら、❹ /* Start the Loop */ の記述を探し、その上の行に 19-C の記述を追加します。

さらに endwhile; の下にボタンを設置する場合は 19-D 、スライダー型を設置する場合は 19-E を記述します。ボタンとスライダーは、どちらか1つしか設置できません。ボタンからスライダーに変更するときなどは、前の記述を削除して差し替えます。❺ [ファイルを更新] をクリックすると効果が適用されます。この効果は [ギャラリー] カテゴリーに適用しているのでトップページから [カテゴリー] の [ギャラリー] をクリックすると表示されます。

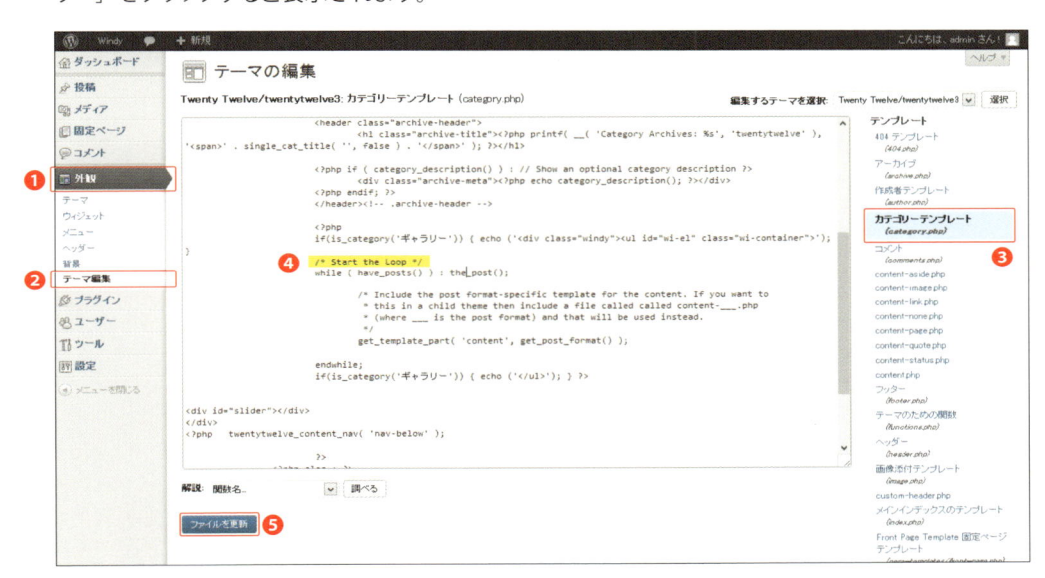

19-C category.php

```
if(is_category('ギャラリー')) { echo ('<div class="windy"> <ul id="wi-el"  class="wi-container">'); }
/* Start the Loop */     ←この上に記述する
```

19-D　category.php　ボタン型

```
endwhile;                                      ←この下に記述を追加する
if(is_category(' ギャラリー ')) { echo ('</ul>'); }
 ?>
</ul>
<nav>
<span id="nav-prev">prev</span>
<span id="nav-next">next</span>
</nav>
</div>
<?php
```

ボタンを設置する場合のソースコード

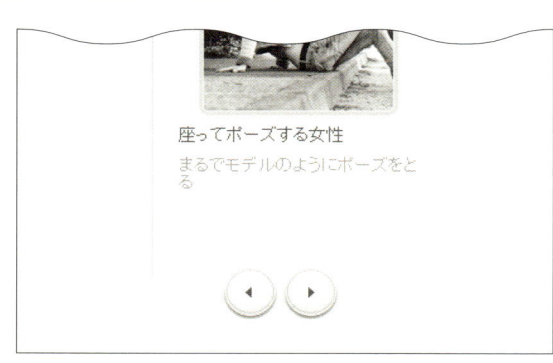

ボタンを設置できた

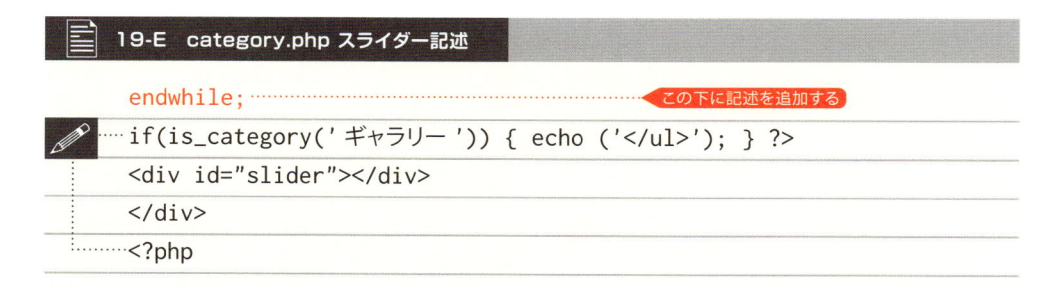

19-E　category.php　スライダー記述

```
endwhile;                                      ←この下に記述を追加する
if(is_category(' ギャラリー ')) { echo ('</ul>'); } ?>
<div id="slider"></div>
</div>
<?php
```

スライダーを設置する場合のソースコード

スライダーを設置できた

◎ **完 成**

ボタンナビゲーションで画像が切り替わる

スライドナビゲーションで画像が切り替わる

19 風でめくられるように画像が切り替わるアーカイブ

|ナビゲーション

索引

アルファベット

CDN	011
class	055, 062
CLIENT ID	123
Contact Form 7	209
Curtain.js	172
Easingプラグイン	170
FlexSlider	038
Instagram	122
jqTransform	208
jQuery date picker plug-in	218
jQuery Drop Captions	076
jQuery Gallery Slider Plugin	022
Jquery Image Zoom	108
jquery-instagram	122
jQueryプラグイン	013
jRumble	052
Metro Js	192
social	184
Supersized	146
Textualizer	098
The Wookmark jQuery Plugin	134
tiltShift.js	088
Twenty Twelve	012
vintageJS	060
Windy	226
x-rhyme.js	160
zAccordion	030

ア

アイキャッチ画像	024, 047, 135
アップロード	013
アニメーション	076
アンケートページ	209
エフェクトオプション	074

カ

拡大画像	110
画像リンク	064
カテゴリー	115
カテゴリーID	115
カレンダー	218
キャッチフレーズ	161
ギャラリー	024
固定ページ	012, 016, 069
コントローラー	158
コンフリクト	015

サ

サイズ変更	065
サムネイル画像	110
振動	052
推奨ブラウザ	012
スクロール	022
スラッグ	228
絶対パス	013
ソーシャルメディア	184
相対パス	013

タ

タグ	195
テーマの編集	056
テキストエディター	055
投稿ID	055
投稿エリア	054

ハ

パーマリンク	064
背景色	029
ハッシュタグ	122, 129

本書のサンプルWebサイトの画像について

本書で解説しているサンプルのWebサイトで使用している画像の一部は、株式会社データクラフトの「素材辞典.NET」から提供されたものです。

素材辞典.NET　株式会社データクラフト
URL　http://sozaijiten.net/

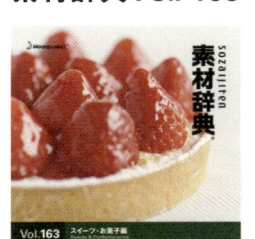

素材辞典Vol. 163　スイーツ・お菓子編

[使用画像]
Chapter 2
03 FlexSlider の作例 Web サイト
00025440 / 00025341 / 00025361 / 00025436

素材辞典Vol. 60　彩りの花編

[使用画像]
Chapter 4
13 x-rhyme の作例 Web サイト
99060193 / 99060022 / 99060014 / 99060047

素材辞典Vol.99　東南アジア-タイ・カンボジア・ベトナム編

[使用画像]
Chapter 2
02 zAcoordion の作例 Web サイト
00002084 / 00002089 / 00002107

Chapter 3
06 jQuery Drop Captions の作例 Web サイト
00002086 / 00002186 / 00002043 / 00002123

Chapter5
16 Metro Js の作例 Web サイト
00002092

素材辞典Vol. 159　犬-ラブリードッグ編

[使用画像]
Chapter 3
06 Jquery Image Zoom の作例 Web サイト
00022463 / 00022514

Chapter 4
11 The Wookmark jQuery Plugin の作例 Web サイト
00022409 / 00022467 / 00022463 / 00022514 / 00022421 / 00022394 / 00022426 / 00022371 / 00022472

Chapter 4
14 Curtain の作例 Web サイト
00022467 / 00022514

■ **素材辞典シリーズ「サンプル画像」について**

［ご使用にあたって］
本書籍用のウォーターマーク入りサンプル画像（以下、「本画像」という）は、素材辞典シリーズの製品と仕様が異なります。本画像のご使用にあたっては、以下の事項をご確認の上、ご利用ください。
・本画像を営利・非営利を問わず、本書籍を用いた学習用途以外の目的にご使用になる場合は、別途、製品版の素材辞典シリーズをご購入ください。
・データクラフト社は、本画像の著作権、または使用を許諾する権利を有しています。
・データクラフト社は、本画像を使用した場合に発生したいかなる障害および事故等についても、一切責任を負いません。

■ **ロイヤリティフリー・デジタルフォトコレクション「素材辞典」シリーズについて**

素材辞典シリーズは、プロユースのハイクオリティなRFフォトコレクションです。人物を始め多彩なテーマの追求と高品質なデータは、印刷はもちろん、マルチメディア、Webデザインなど幅広い用途にご利用いただけます。素材辞典シリーズは、Webサイトにてダウンロード販売、およびCD-ROMにてご提供しています。

■ **素材辞典シリーズはデータクラフトが運営する下記サイトからご購入いただけます。**
・素材辞典ダウンロード型サービス「素材辞典.NET（ソザイジテン ドット ネット）」http://sozaijiten.net/
・高品質ストックフォトダウンロード販売サイト「imagenavi（イメージナビ）」http://imagenavi.jp/

■ **製品情報**
・データクラフト製品情報サイト「sozaijiten.com（ソザイジテン．ドット．コム）」http://www.sozaijiten.com/

素材辞典、sozaijiten、imagenavi、Datacraftは、データクラフト社の登録商標です。

[写真提供にご協力頂いたみなさま]
　　株式会社データクラフト
　　井澤健輔　塩﨑万里子　松村真理
　　Ángelo González

[staff]　編 集 協 力　フロッグデザイン株式会社
　　　　カバーデザイン　御堂瑞恵（SLOW inc.）
　　　　Ｄ　Ｔ　Ｐ　クレヨンズ
　　　　協　　　　力　西村文宏
　　　　　　　　　　　松澤義明（フロッグデザイン株式会社）
　　　　デザイン制作室　今津幸弘
　　　　編　　　　集　前川あゆみ
　　　　副 編 集 長　柳沼俊宏
　　　　編　集　長　藤井貴志

[著者プロフィール]
久保田潔
アライドアーキテクツ株式会社

大学卒業後、某PR会社にてPR誌の取材・編集・デザインからPRコンサルティング、調査分析まで幅広い業務に携わる。2007年6月からJavaScriptライブラリなどを紹介する「skuare.net」（http://www.skuare.net/）を開始。その後、アライドアーキテクツに転職し、Webサイト制作に本格的に従事。プロデューサーとして活動中。

個性派jQueryで魅せる
WordPress
デザインアレンジ Book

2013年8月1日　初版発行

著　者　アライドアーキテクツ株式会社　久保田 潔
発行人　土田米一
発　行　株式会社インプレスジャパン An Impress Group Company
　　　　〒102-0075 東京都千代田区三番町20番地
発　売　株式会社インプレスコミュニケーションズ An Impress Group Company
　　　　〒102-0075 東京都千代田区三番町20番地
　　　　出版営業 TEL 03-5275-2442
　　　　http://www.ips.co.jp
印刷所　株式会社廣済堂

本書の内容はすべて、著作権法上の保護を受けております。本書の一部あるいは全部について、株式会社インプレスジャパンから文書の許諾を得ずに、いかなる方法においても無断で複写、複製することは禁じられています。

ISBN 978-4-8443-3438-5 C3055
Copyright © Kiyoshi Kubota All right reserved.

本書の内容に関するご質問は、書名・ISBN（奥付ページに記載）・お名前・電話番号と、該当するページや具体的な質問内容、お使いの動作環境などを明記のうえ、インプレスカスタマーセンターまでメールまたは封書にてお問い合わせください。
電話やFAX等でのご質問には対応しておりません。
なお、本書の内容に直接関係のないご質問にはお答えできない場合があります。
また本書の利用によって生じる直接的または間接的被害について、著者ならびに弊社では一切の責任を負いかねます。あらかじめご了承ください。
造本には万全を期しておりますが、万一、落丁・乱丁がございましたら、送料小社負担にてお取り替え致します。
お手数ですが、インプレスカスタマーセンターまでご返送ください。

■読者様のお問い合わせ先
インプレス カスタマーセンター
〒102-0075 東京都千代田区三番町20番地
TEL 03-5213-9295 ／ FAX 03-5275-2443
info@impress.co.jp

Printed in Japan

読者会員制度と出版関連サービスのご案内
登録カンタン　費用も無料！
CLUB IMPRESS
今すぐアクセス！▶ club.impress.co.jp